イノベーションのカギを握る

米国型
送電システム

グローバル時代の
最新オペレーションを読み解く

米国送電システム研究会：編著

化学工業日報社

はじめに

　我が国では、鋭意、電力システム改革が進められ、2020年には配送電の分離が実施される。米国においては、1996年に電力システム改革が実施され、送電管理の分離中立化等が行われている。我が国の電力システム改革は、この米国の改革や後に行われた欧州の改革を参考としながら実施されてきたと思われるが、具体的に米国でどのような送電管理が行われているかということになると、断片的、つまみ食い的にトピックスを知っている人はいても、意外にその全貌を正確に知っている人は少ない。

　米国の電力システム改革は、電力に先行して行われたガスシステム改革とともに、実は基本的なところで「革命的」に管理の考え方が変わっている。上辺だけ見ると単に送電管理を分離しただけのように見えるが、実は送電管理の方法自体が「革命的」に変わり、この変化を支えるために送電管理が分離されたという方が正しい理解ではないかと思う。ところが、この送電管理の方法の改革という本質的な部分が、一般に我が国では理解されていないように見受けられる。この送電管理の方法の変革は、そのまま欧州にも引き継がれ、今や、豪州や中国、韓国はもとより、フィリピンでも採用されている。この方法は、世界の主流となって、20年以上にわたり、更に進化を続けてきているわけである。

　このような中で、先進地域では我が国だけが、依然として20年前の古い方法から抜け出せないままでいる。これが、我が国において再生可能エネルギーが電力システムに十分に組み込まれない主要な理由の一つとなっている。このまま行くと、かつて通信機器でガラパコス携帯電話に固執してスマートフォンに完全に乗り遅れたように、我が国の電力系の各種産業が世界から取り残されることになりかねない。我が国の産業界では、この20年間程の間、技術革新が停滞しているように見受けられるが、電力システムの停滞は、このような点にもボ

ディーブローとして影響しているのではないかと推察される。我が国の産業界を活性化し、国力を更に増進するためにも、新しい技術を抑え込むのではなく、積極的に世界に追い付き、追い越してほしいものである。

　幸いにして、米国の送電システムについては、各地の送電管理者（ISO、RTO）が、マニュアルを公開している。本書においては、この「ISO マニュアル」等に基づき、米国の最新の送電システムについて解説を加えることで、世界の主流となっている送電管理の考え方について、読者の理解を少しでも深めることを期待したい。

2020 年 9 月

京都大学 特任教授

内藤 克彦

目　次

第2節　前日市場のオペレーションは どのようにしているのか
（NYISOの前日市場マニュアルVer4.6 2017の解説）

第3節 当日市場のオペレーションは
どのようにしているのか
(Transmission and Dispatch Operations Manual
Ver4.1 2018の要約)

第4節　FTRのオペレーションは
どのように管理しているのか

おわりに

◎執筆者一覧

内藤 克彦　　[全体編集；第1章、第2章、第3章冒頭、同第4節]

小川 祐貴　　[第3章第1節1～4項]

柴田 悠生　　[第3章第1節5～7項]

山内 恒樹　　[第3章第2節1～2項]

濵﨑　博　　　[第3章第2節3～8項]

千貫 智幸　　[第3章第3節]

杉山 瑛美　　[第3章第3節]

第1章

米国の電力改革は
エネルギーシステムの
イノベーションが目的

1.1 欧米の電力システム改革は何のために なされたか?

　我が国においては、2011年8月26日に再生可能エネルギー特別措置法が成立し、いわゆるFIT制度が再生可能エネルギーの導入拡大の切り札として導入された。一方で、「電力システム改革に関する改革方針」が、2013年4月2日に閣議決定され、①広域系統運用の拡大、②小売及び発電の全面自由化、③法的分離の方式による送配電部門の中立性の一層の確保という3段階からなる改革の全体像が示され、その実施に必要な措置を定めた電気事業法改正案が、第1弾(2013年11月13日)、第2弾(2014年6月11日)、第3弾(2015年6月17日)とそれぞれ成立し、電力システム改革が鋭意進められているところである。この二つの制度は、我が国においては全く別の制度として一般的に認識されている。

　欧米においても、これより少し前に同様のエネルギー改革が進められている。ドイツ等におけるFeed-in-tariff(FIT)制度の動向や欧州連合(EU)の再生可能エネルギー導入目標については、我が国にも断片的に情報が伝えられているが、米国やEUの取り組みの全体像や目的については、余り伝えられていない。米国の電力システム改革は、我が国より約20年遡り、1996年の制度改正により本格化しているが、この制度改正の目的は分散型電源を大規模集中型電源と同等に電力グリッドに組み込み、エネルギー産業のイノベーションを進めることにあった。

1.2 時代の変化

　ロイターの報道(2016年)によると、「ロックフェラー・ファミリー・ファンドは、化石燃料関連投資を可能な限り早期に中止し、米国石油

大手、エクソンモービルの株式保有も解消する方針を表明した。」とのことである。スタンダードオイル創業一族が、スタンダードオイルの流れを汲むエクソンモービルの株はもちろん、化石燃料関連投資から手を引くという大きな流れの変化が米国で起きている。米国の著名な投資家ウォーレン・バフェット氏が、最近、風力発電事業に投資しているという話も聞こえてきている。京都大学がムーディーズでヒアリング（2016年）した際にも、自由化された電力市場での石炭火力発電への投資は、当該投資企業の企業評価を下げるとのことであった。

　米国の電力システムは、どのような未来を描いているのであろうか。時代の先端を目指すニューヨーク州やカリフォルニア州の話にこの辺は端的に表現されている。ニューヨーク州政府へのヒアリングでは、「現在の電力システムはエネルギー面で非効率であるだけではなく、金融面でも非効率である。他の産業で導入されているＩＴ技術も活かされておらず、活かすための開発投資も僅かなのでイノベーションが進まない」。これを改善するためにREV（ニューヨーク州の改定エネルギー計画（2014年））を進めているとの話であった。ここで言う非効率とは、ニューヨーク州によれば、従来型の大規模発電施設は、実は年間54％しか利用されていないのでエネルギー面でも非効率、投資としても非効率であり、このような非効率が許されているのは自然独占状態の電力業界がイノベーションから取り残されてきたからとの認識であった。既成概念に囚われずに頭を白紙にして考えてみると確かに米国の行政当局が指摘しているように巨大な装置を作りながら半分の時間は遊ばせておき、長距離のエネルギー伝達で大きなロスを伴いながら利用するというシステムは、身近で発電したり電力の制御をする技術がなかった時代の産物で他の分野で進んでいるICTによる分散化・相互融通・高度化の流れから取り残されているという感が強い。年間利用率が少ないのは従来のシステムではピークに合わせて設備を作るからであるが、よく考えてみれば、例えば、ピーク対応に100万kwのガス・コンバインドサイクル発電所を作れば、10

万円／kw の建設コストとして、1,000 億円要するわけであるが、1,000億円で例えばリーフ（電気自動車）を購入すれば 3 万 5,000 台購入でき、蓄電池容量の合計は約 85 万 kwh、電池だけの購入であれば 240万 kwh の電池が購入できることになり、これを ICT 技術でうまくコントロールしてピーク対応に活用することができれば、同じピーク対応でも燃料代の節約、投資負担の分散や施設の効率的利用等が図れることになる。

　これは極端な例であるが、世の中の ICT 化に応じて電力の需要が高度化し、コージェネレーション、再生可能エネルギー（再エネ）等の新たな分散型発電技術等（DER）の登場と情報技術の進歩にもかかわらず電力システムのイノベーションが進まなかったことが、米国の電力システム改革の原動力となっていると考えられる。2014 年に出されたニューヨーク州の REV を見るとこの辺の考え方がよく整理されている。

　ニューヨーク州は、かつてニコラ・テスラやトーマス・エジソンが活躍した場所で、電力システムの発祥地として常に世界をリードしたいという意識の強いところである。この REV は、連邦レベルで連邦エネルギー規制委員会（FERC）により進められた一連の改革がFERC の担当分野である送電・卸売段階の改革であるのに対して、州の権限に委ねられている配電（DSO）・小売段階で同様の改革をさらに進めようとするものである。この中で、従来の垂直統合型の電力システムの問題点と技術・需要側の要請の変化を改革の動機として整理している。主要なものを挙げると以下の通りである。

　①現在の経済は、ますます電力への依存を深めている。特に、デジタル化の進展により、信頼性強化のニーズが増加している。

　②経済のグローバル競争の激化は、経済の電力依存の増加と相まって、電力システムの非効率を許さなくなってきた。

　③電力需要全体は増加していないが、ピーク需要は増加している。

　④気候の極端化と経済のデジタル化の進展による信頼性増強要請

は、需要側を自家発へと駆り立てている。

⑤低炭素化の要請による風力、太陽光といった変動電源の取り込み。

⑥電気自動車・ＰＨＶ（プラグインハイブリッド自動車）の普及

①～④は、我が国でも都心部では深刻な課題となっている。デジタル化した経済で、グローバルな競争の最前線にある企業にとっては停電は許されず、計画停電などは論外ということになる。このため、東京都心の大規模開発では、ニューヨーク、シンガポール、ロンドン、上海、香港といった世界の競合都市との都市間競争において不利な立場とならないように、自前のエネルギーセンターにより自家発給電を行える体制とすることが常識となってきている。また、近年では、欧州を中心に脱炭素化の動きが活発で、脱炭素の方法として、エネルギーの電化、電力のゼロエミッション化が進められつつある。このような流れの中で、ますます電力システムへの依存度は増加する一方で、従来とは異なる柔軟かつ様々な電力系統の利用方法が求められてきているわけである。

電力の供給についても、今までは少数の大規模発電施設から一方通行で電力が需要家に送られるという単純な富士山型の流れであったものが、多数の供給施設が需要の広がり中に分布するという大小の丘陵が連なる丘陵地帯型の流れに変わりつつある。一方で近年のICT技術やコンピューターの進歩により、このような複雑な流れを管理することが可能となってきている。

ニューヨーク州のREVでは、このような状況の変化に対応して、従来のシステムを見直し、電力系統を「インテリジェント・ネットワーク・プラットフォーム」に改革する必要があるとしている。

例えば、以下のような点が挙げられている。

①経済のデジタル化とグローバルな競争は、新たな産業・技術を作り出し、グリッドと需要家の役割を変えている。

②情報技術の進歩は、グリッド制御の能力を高めている。

③情報技術の進歩は、需要側の需要コントロール能力も増加させ、

グリッド側が需要側の資源をコーディネートすることが可能となった。

④コージェネレーションや太陽光発電などの分散電源や電力貯蔵の効率が向上し、コストが低下した。

⑤電気自動車等のアンシラリーサービスへの利用可能性がある。

これらは、結局、全面的に進んでいる経済・産業のデジタル化・分散化に対応したものに電力システムを作り替え、このような潮流に対応したイノベーションを電力システムにももたらすということであろう。このような分散資源をグリッドに導入するためには、グリッドのオペレーションを変える必要がある。

1.3　米国の連邦政府の役割

　米国の制度について説明するにあたっては、米国の連邦政府と州政府の電力事業に関する役割分担に触れておいた方が良いであろう。電力関係の許認可は基本的には米国では州政府の権限となっており、州法において各州毎に規定されるのが原則である。エネルギー供給というものは、本来、属地的、地域性の高いものという本質的な原則を米国の制度は示していて興味深い。我が国に限らず、輸入燃料にエネルギーを頼る以前は、本来、エネルギー供給というものは属地的、地域的なものであったはずである。輸入エネルギーが主流になることによって、エネルギー入手に有利な地点に大規模集中的な供給基地を設け、広域的に供給するという集中型のエネルギーシステムができあがり、地方の地場エネルギーを駆逐してきたということであろう。米国は国内資源が豊かなためか、米国の制度にはこの原点が温存されているように見受けられる。一方、連邦レベルでは何が取り扱われるかというと、一言でいうと州を跨る影響のあることということになるが、電力のシステムの世界では、電力の卸売取引・電力市場や州を跨る送電等が連邦政府の管轄となっている。実際には、ニューヨーク州のように州内で送電管理者の権限が閉じているように見える場合であって

も、州境を越えた送電や電力取引が行われていれば、これを管理している送電管理者は連邦政府の所管となるわけである。他方で、テキサス州のように敢えて州を跨る取引を行わずに、連邦制度によらずに全て州の制度で対応している独立性の高い州も存在する。

1.4 連邦政府の電力システム改革

　米国の電力システム改革の中心となる制度は、連邦エネルギー規制委員会（FERC）により、20年以上前に発出された一連の命令に根拠を置いている。電力システム改革に関してFERCが定めた有効な規制の最初であるORDER No.888の前文に同規制を導入するに至ったFERCの考え方、経緯が詳細に記述されている。

　前文の冒頭に掲げられている規制の目的は、
「電力卸売市場における競争を妨げる障害を取り除き、効率的で低コストのシステムを実現することで、
　①電力の州間の取引の際に、電力が送電されるかどうか、誰に送電されるかをコントロールしている独占的に所有されている送電線へのアクセスの不当な差別を改善すること、
　②独占的システムから全ての市場参加者が「フェア」に競合でき、市場競争により価格決定されるシステムへ移行するためのコストの回収について規定すること。」
とされている。

　「アンフェア」なことを嫌う米国らしい規定である。EUやEU諸国の法令の例でも、この送電線所有の独占に起因する「差別」を撤廃し、「公平」な管理の下に置くことが同様に規定されており、欧米の電力システム改革の「肝」は正にここにあるということを認識する必要があるであろう。ここで言う差別とは、既得権と新規接続、垂直統合の電力会社の持つ発電所とその他の分散電源との間の差別のことであり、米国の電力システム改革は「先着優先」の考えを排除するため

に行われたわけである。かつては電力供給ができる者は限られていたが、技術の進歩に伴い多くの者が電力供給に参加できるようになった今日では、送電グリッドの役割も電力会社の所有する私的な電力輸送手段から多くの利用者が共同で利用する「公道」のようなものに役割が変わらざるを得なくなったわけである。これは、地域独占性のある「ネットワーク」が本質的に持つ宿命であろう。

また、欧米ともにグリットシステムの変革に要するコスト負担の在り方についても制度設定の当初から手当てをしている。米国では、一連の費用負担のルールの一つとして、この時点でグリッド・タリフについても定めている。グリッドを利用する者が、「公平」な費用負担のルールを共有することも「鍵」の一つであろう。

さらに付け加えると、「情報」の独占も「フェア」なグリッド運営を妨げる要素として認識されており、「情報」の開示のルールも同時に定めている。グリッドの状況に関する情報は、自然体ではグリッド所有者が独占することになるので、「情報の共有」のためのルール設定が、「フェア」なグリッド運営のためには不可欠となるわけである。

ちなみに、FERC の規制は、FERC の ORDER（「命令」日本で言えば「省令」か）の形で出されているが、FERC は、「連邦電力法（Federal Power Act）」をこの法的根拠としていることを付記しておく。法的根拠の妥当性については、各 ORDER 毎にその中で、相当のページ数を割いて論述されている。連邦機関である FERC の連邦電力法に基づく命令の形で、相当部分が州に権限が下りている電力事業に関してどこまで「強制力」を持たせられるかについては、FERC も慎重になっているようである。

以下に、米国の連邦レベルでの制度改革の流れを追っていくこととする。

FERC の解説によると、以下の通りである。改革スタート以前の発電事業者は、スケールメリットを争い、将来需要を高めに見込み、競って大規模なベースロード発電施設を建設したが、需要の頭打ち等によ

りこれらの発電施設は過剰発電能力となり利用率が低下し、また、高い維持費を要するため、期待したスケールメリットが得難い状況となってきた。この頃の金利の上昇もあって発電コストは上昇し電気料金も上昇した。他方、技術の進歩に伴い、コンバインドサイクル発電などの小規模発電ユニットの経済性が向上し、大規模発電ユニットと経済的に競合できるようにもなった。同時に高圧送電技術の進歩により、経済的に長距離送電することができるようになった。この結果、電力事業者は、以前は調達できなかった遠方の電源からの電力を技術的には調達することが可能となり、給電域内の発電施設と同様に給電域外の発電施設も活用できるようになった。FERC は、従来の垂直統合型の構造では、個々の事業者毎に送電網が分断されていて電力の長距離の伝達はコスト的にも技術的にも困難であるという認識であったが、このような電力事業者毎に送電網が分断されていた時代は過去のものとなりつつあった。一方、垂直統合の電力事業者が、新たな発電所投資に消極的になる中で、この隙間を埋めるように小規模発電、コージェネレーション、IPP 等が増加し、これに伴い、電力市場が形成された。IPP 等が市場価格に機敏に対応するのに対して、垂直統合型の認可価格の対応速度は必然的に遅くなる。ここで生じた FERC の主たる懸念は、垂直統合の電力事業者は送電施設を所有するため、送電施設へのアクセスの拒否や差別的な送電契約により、公正な競争を阻害し、電力価格を高く維持しようとしているのではないかということである。FERC はこの点に関して独自の調査を行った結果、①従来からの垂直統合型電気事業者が、依然として、第三者への公平なグリッドアクセスを許さず、垂直統合型電力事業者の自前の発電施設を優遇しており、経済効率的な発電施設のグリッド接続に障害を設けているので市場が十分に機能していないこと、②需要家が最新テクノロジーの進歩の成果を享受するためには、より多くの経済効率的な発電施設が送電グリッドに接続できるようにすることが必須であることが明らかになる。また、③第三者はグリッドの利用に際して、垂直統合型電

気事業者が自らのニーズを満たすときに行うような送電線運用の柔軟
性を享受することができないことも明らかになった。例えば、垂直統
合型電気事業者自らが送電線を利用するときは、ネットワーク全体と
して柔軟に利用方法を考えるが、第三者には決められた地点間の送電
の便宜しか提供しない（いわゆる託送型の利用）ことなどが行われた。
このようなことに対応し、料金、期間、条件等の種々の角度からグ
リッドの第三者利用の公平性を担保するために、Federal Power Act
の改正等の努力が継続的に行われてきた。さらに、消費者側も隣接地
域の安い電力を求めるようになり、この点からも広い範囲でのグリッ
ドの公平なオープンアクセスが求められるようになる。しかしながら、
1996 年の段階においても、送電線システムは依然として自然独占状
態のままで、送電グリッドへのアクセス拒否や将来のアクセス拒否の
可能性があった。

　FERC は、「公平な送電システムの構築こそが電力卸売市場の健全
な競争環境の形成の鍵となる」と認識し、このような障害を除去する
ための送電システムの更なる制度改正に踏み切ることとなる。制度改
正のメリットとしては、

　①公正な競争による電力供給の効率化

はもとより、これに加えて、

　②グリッドを含む既存インフラ・組織のより効果的な活用

　③新たな市場メカニズム

　④技術のイノベーション

　⑤歪んだ料金の是正

が挙げられている。

（注：Order No.888　前文（FERC））

　FERC は、以上のような認識の下に 1996 年に公平な電力市場の形
成のために Order No.888 を制定した。これが米国の送電グリッド管
理者 ISO（Independent Transmission System Operator）の設置の根
拠となっている。Order No.888 と同時に、Order No.889 により、情

報のシェアシステム OASIS（Open Access Same-Time Information System）への情報開示の義務付けを行い、関係者の公平な情報アクセスを可能としている。OASIS の構築は、単なる情報システムの構築に留まらず、従来の「契約ベースの送電キャパシティの計算」を「実潮流ベースのリアルタイムの計算」に変えることにより、送電線運用の効率化を図ることにもある。FERC の言う「非効率」の是正のコアの一つがここにあるわけである。その後、Order No.2000 により州を跨る送電管理者 RTO（Regional Transmission Organization）の設置について規定している。

　FERC は、Order No.888 の送電計画は、送電管理者の「信頼性確保」という内部ニーズにより定められるので、外部から来る新たな送電投資ニーズに十分にこたえることができず、送電の公平性を十分に確保できないと考え（注：Order No.890　前文（FERC））、Order No.890 を 2007 年に定め、新規参入者、州政府等も含む全ての関係者に送電線整備を含む送電計画の策定プロセス、関係情報をオープンにし、関係者全員の参加の下に計画策定することを送電管理者に義務付けている。これにより、新たな再エネ設置者のニーズ、州政府やエネルギー省の政策ニーズも送電計画に反映され得るようになったわけである。また、米国の制度では、必ずしも全米をカバーする広域の電力ネットワーク整備のインセンティブが働かないため、2011 年に FERC は、Order No.1000 を定め、広域送電計画の策定を義務付けている。以上の制度制定の流れを整理すると、以下の通りとなる。

　　1996 年 4 月　Order No.888　送電分離（ISO）、送電オープンアク
　　　　　　　　　　　　　　　　セス
　　1996 年 4 月　Order No.889　情報開示
　　1999 年 12 月　Order No.2000　広域送電機関（RTO）
　　2007 年 2 月　Order No.890　送電の公平性
　　2011 年 7 月　Order No.1000　広域送電計画

1.5 改革の前提となる送電管理の考え方の改革

　欧米で共通に見られる送電管理の基本的な考え方として、フローベースの管理がある。これも米国で20年前に制度改革が行われた際に改革されたもので、欧州においても基本的には、同様の考えの下に全ての制度が、立案されている。

　米国においては、1996年にハーバード大学のホーガン教授が、送電キャパシティの割り当てに際して、人為的に想定した送電ルート「コントラクトパス」による送電契約値を用いた送電キャパシティの割り振りは、物理法則に沿わず問題があるとして、実潮流（フローベース）の計算により送電キャパシテイの割り振りを行うべきとした。また、実潮流は、グリッド全体の発電Inputと需要Outputの時々刻々の変化により常に変化し、グリッド上の全ての発電Inputと需要Outputが相互に影響を与え合うので、特定の発電Inputと需要Outputの間の潮流だけを切り出して個々に議論しても意味がないなどとして以下の主張をした。

　①特定の送電線を切り出してキャパシティを議論しても意味がない。グリッド全体で同時に実潮流計算して初めて意味のある結果となる。

　②特定の発電Inputと需要Outputを切り出して議論しても意味がない。グリッドへの全ての発電Inputと需要Outputを入力して実潮流計算して初めて意味のある結果となる。

　③契約上の送電ルートなど人為的に送電ルートを想定しても意味がない。物理法則に沿った実潮流計算により、初めて意味のある結果となる。

以上からさらに進んで、

　④相対契約の送電予約に際しては、どのようなルートを実潮流が流れるかを逐一考えるのではなく、発電Inputと需要Outputの地点、量、

時刻だけを指定する、Point-to-Point の考え方を取るべきとしている。

　相対契約の送電予約における、この「Point-to-Point」の考え方は、言わば、グリッド全体を大きなパワープールと見なして、そこへの Input と Output を考えるもので、発電と需要を個々に線で結ぶという従来の考え方とは、異なるものである。送電キャパシティの判断は、どのように行うかというと、

　⑤相対契約分も含む全ての発電 Input と需要 Output を入力して実潮流計算をグリッド全体で、一挙に行い、グリッドに収まるかどうか確認する。

　⑥送電混雑が特定のグリッド構成要素で発生し、グリッドに全ての発電 Input と需要 Output が収まらない場合は、混雑地点の前後で、発電指令の組み換え（Re-dispatch）や出力抑制を行うことにより、潮流計算の結果が、グリッドに収まるまで潮流計算を反復する。

　詳細は、次章以降で説明するが、この「実潮流（フローベース）」と「Point-to-Point」の考え方が、Order No.888 のときに同時に導入されている。これは制度上は、「運用段階」の話ということになるかもしれないが、内容的には送電管理の技術的方法を「革命的に」変えるものといって良いであろう。米国においても、このときまでは送電線を一本ずつ切り出してキャパシティの議論をしていたわけであるが、改革後は、そのようなことは基本的に行われなくなる。

　このような「実潮流（フローベース）」の管理においては、年間 8,760 時間の時々刻々の潮流の変化を送電グリッド全体でリアルタイムで潮流計算するわけであるが、これはコンピューター技術の進化にによって可能となったものであろう。米国では、20 年前にこのようなシステムに切り替えることで、技術面においても種々の需給の時間変化にリアルタイムで対応できる送電システムに進化させたわけである。この結果、再エネはもちろん、ICT 技術を駆使した様々な DER（分散エネルギー資源）をグリッドに組み込むことが可能となり、電力周りのイノベーションを進める基本的な条件が整えられたわけである。

第 **2** 章

米国の送電システムとは
どのようなものか

米国の連邦エネルギー規制委員会（FERC：Federal Energy Regulatory Commission）は、米国のエネルギーシステムの入門用のハンドブックを公開している。本章では、このハンドブックに沿って、米国の電力システムの概要について一通りの説明をすることとしたい。

　FERC のハンドブックでは、まず最初に「送電」について簡単な説明をしているが、この簡単な説明の中に既に、米国の電力システム改革の基本となった考え方が現れている。

2.1　基礎となる基本的な考え方

　最初に、FERC が送電をどのように説明しているかを見てみると、以下の通りである。

◎「Transmission：

　交流（AC）電力網は相互接続されたウェブのように動作し、いくつかの例外を除いて、オペレータは電力の流れを個々のライン単位では、特に制御を行わない。その代わりに、電力は最小抵抗の経路に沿って、同時に複数のラインを通り発電所から消費者に流れる。」

　我が国では、送電はA地点とB地点を線で結んで、そこを流れる電力を送電線毎に制御するというイメージで捉える人が多いが、FERC は「電力網は相互接続されたウェブのように動作し、いくつかの例外を除いて、オペレータは電力の流れを個々のライン単位では、特に制御を行わない。」としている。つまり、送電管理はライン単位では行わないということである。それでは、どうするかと言うと物理法則に沿って複数の経路に分流して流れるままにするということである。また、分散型の多数の電源の存在を前提にして、「相互接続されたウェブのように動作」するという説明を行っている。我が国では、相変わらず高圧から低圧への一方通行のカスケード型の電力供給のイメージ

を持っている人が多いが、この辺の電力グリッドの捉え方が、既に、従来のものとは異なるものになっていることが理解できる。

　この考え方は、米国の電力システム改革の基本的な考え方を提案したハーバード大学のホーガン教授の考え方を踏襲している。ホーガン教授の考え方は、以下の通りである。（米国 Hogan 等の「Transmission Capacity Reservations and Transmission Congestion Contract (1996)」に詳述）

　米国の改革以前の送電キャパシティの考え方は「Contract Path」という送電契約毎に一つの送電経路を人為的に想定して、これに沿って契約上の電力が全て流れると仮定し、ある送電線の区間の上で、そこを通る全ての「契約電力」の合計と送電線の物理的限界（発熱による送電線の弛みの限界等）を比較して評価されていた。しかし、実際には、電力は送電ルートの抵抗とその時の需給の分布に応じてあらゆるルートに配分されて流れる。改革前のように人為的に仮定した送電ルート以外の潮流をループフローとして厄介者のように扱うというのは、電力潮流の構造が比較的単純で、かつ、電力潮流計算システムの発達していなかった時代の産物であり、実は実潮流ベースでループフローも含め、全ての潮流をきちんと計算して管理する方が物理法則に適合した合理的な方法であるということが認識されるようになったわけである。

　少数の大規模発電と消費地を一方通行で単純に繋ぐような単純な潮流構造であれば、「Contract Path」のような単純化をしても現実から大きく外れることはなかったが、1990 年代に IPP やコージェネレーションといった分散型の電源が各地にできるようになるとこのような単純化はあてはまらなくなる。また、計算能力も発達してきたので、単純化をせずに現実に流れる潮流を正確に計算することが可能となったわけである。

　Hogan 等は**図２－１**の簡単な送電模式図で「いわゆる直流近似」により、この辺の状況を分かりやすく説明している。

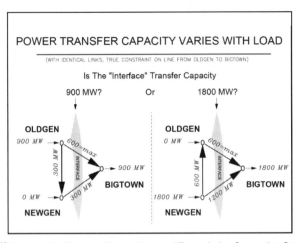

出典:Hogan等, Transmission Capacity Reservations and Transmission Congestion Contract (1996)

図2−1　送電キャパシティはロードにより変化する

　図2−1は、OLDGEN（旧発電）、BIGTOWN（大都市）、NEWGEN（新発電）の三点を繋ぐ三角の送電線を模式的に示している。旧発電と大都市の間の送電線には600MWMaxの制約があり、三角の各辺の送電抵抗は同じとする。旧発電と大都市を最短で結ぶ送電ルートをContract Path とすると、Contract Path による管理では、単純に旧発電と大都市を結ぶ送電は、600MW のキャパシティということになる。しかし、実潮流の計算では、新発電経由のループフローがある。ループフローのルートは抵抗が倍になるので、旧発電と大都市の直結ルートの半分の電力が流れる。したがって、実潮流では、旧発電からは、旧発電と大都市の間の送電制約の限界まで使うと900Mw の電力を大都市に送れることになる。大都市の需要が1,800Mw まで伸びた場合には、旧発電を止め新発電を動かすことにより、新発電からの電力は、直送ルートで1,200Mw、ループフローで旧発電と大都市の間の送電制約の限界まで送り600Mw、合計1,800Mw を確保することができる。一方で、1,800Mw を超えるB発電の発電は、A−C間のキャパシティの影響で不可能となることも分かる。実潮流ベースでのこのような運

用の幅と制約は、人為的に送電ルートを一つに特定し、Ａ－Ｃ送電線の容量 600Mw を排他的に用いる契約ベースの送電割り当てにおいては、失われることになることを Hogan 等は指摘している。このように Hogan 等は、ループフローを考慮した、実潮流の計算では、需要と供給の組み合わせの方法によって実効的な大都市と発電所間の送電キャパシティが変化するということを模式的に示している。

　この三角形の送電の例で、ホーガン教授が示したかったことは、

　①送電グリッドの中の全ての需給が全ての送電区間の実潮流に相互に強い影響を与える。全ての送電断面のキャパシティは相互に影響を受ける。

　②実潮流は、人為的に想定した特定の送電線や、最短区間に電力が集中して流れるのではなくて、物理法則に従って、最もロスが少ないようにあらゆるルートに分流して流れる。

　③各送電区間にどのような潮流が流れるかは、グリッド全体で全ての需給を揃えた上で一斉に潮流計算しないと正しい結果が得られない。

ということである。

　ここから、Hogan 等は、「実潮流では、どのような送電断面のキャパシティも全ての関連する送電断面の影響を相互に受ける」ため、「システム全体の全ての潮流を同時に特定しない限り将来の如何なる瞬間の実際のキャパシティを議論することはできず、区間を区分してキャパシティを議論することはできない」と結論付け、このような基礎的かつ物理的な事実から逃れることはできず、「Contract Path」に基づき送電キャパシティを定めようとしても行き詰るであろうと指摘している。さらに、付け加えると、需給の状況は時々刻々と変化しているので、時刻を指定しないキャパシティの判断というのは、意味がないということになる。

　この需給の状況は、時々刻々と変化しているということの例として、東京電力の房総半島と東京都心部を結びつける幹線送電線である

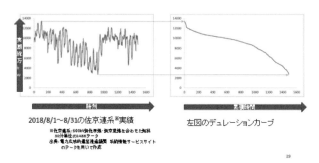

送電線潮流を大きい順に並び替えたもの。

2018/8/1～8/31の佐京連系※実績

※佐京連系：500kV西佐京幹線・東京至幹を合わせた潮流
30分単位の1488データ
出典：電力広域的運営推進機関 系統情報サービスサイト
のデータを用いて作成

左図のデュレーションカーブ

図2-2　デュレーションカーブの例

佐京連系ラインの2018年8月の送電量の変化を30分毎にプロットしたグラフを示すと**図2-2**左側の図のようになる。このグラフをデュレーションカーブとしてデータの大きい順に並べ直してみると右側の図となり、送電キャパシティすれすれまで送電量が増えるときは確かに存在するが、ほんの一瞬で、最も空いているときはキャパシティの20%程度、平均的にも50%程度となっていることが分かる。需給の状況により送電量は時々刻々と大きく変動しており、時刻を指定せずに一定の想定、例えば、最悪事態の想定の下に、全てのキャパシティの割り振りを決めることには意味がないことが理解できる。ICTの時代は、この需給の激しい変動に応じてリアルタイムで送電キャパシティの管理を行うことが常識となっている。

　ここで、最初のFERCの解説に戻ると、解説の意味は、物理法則に従ったグリッド全体の実潮流計算の結果として示された潮流の割り振りに従い、基本的には個々の送電線毎に潮流制御を行うようなことはしないということである。

　ここからは、いくつかのことが理解できる。第一に、我が国においては、個々の送電線を切り出して、送電キャパシティの割り振りを議論することが多いが、このように個々の送電線毎に議論しても意味がないということである。第二に、潮流計算を意味のあるものにするた

めには、実需要と実供給のバランスを取ることが前提となる。という
ことは、動いていない発電所は、潮流計算から外されることになり、
当然、そこに送電キャパシティが割り振られることはないということ
になる。第三は、時々刻々の需給のバランスの上に実潮流計算は行わ
れるので、時刻を特定しない送電キャパシティの割り振りは、意味が
ないということになる。これは、フローベース（実潮流ベース）の考
え方の基本となっている。

　次に、FERC のハンドブックでは、送電サービスの説明をしている。
説明の内容は、以下の通りである。
◎「Transmission Service：
　・FERC は、送電事業者が、全ての顧客に差別無く送電サービスを
提供することを義務付けている。送電の料金と利用規約は、各ユーティ
リティの OATT（Open Access Transmission Tariff）に掲載されてい
る。
　・例えば、Point-to-Point service では、一定量の送電に対して一定
額を支払って予約し、電力投入地点（POR）から、電力引出地点（POD）
まで送電することができる。状況に応じて、顧客は 1 時間から複数年
までの間、Point-to-Point service を購入することができる。」

　ここにも、米国のシステムの基礎となる基本的な考え方が示されて
いる。ここで注目すべき点は、「全ての顧客に差別無く送電サービス
を提供することを義務付けている。」という点であろう。この「差別
無く」という考え方が、正に米国の電力システム改革の原点となる考
え方である。米国の改革は、既存・新規の差別、発電方法の違いによ
る差別を無くし、新しい発電方法を積極的に電力システムに組み入れ、
技術の新陳代謝を図ることにより、電力業界のイノベーションを促進
することを目的としている。
　後段で出てくる「Point-to-Point service」という言葉については、

後ほど詳しく説明することになるが、これも米国の電力システム改革の根幹となる考え方の一つである。この「Point-to-Point」の送電サービスという概念も、先に紹介したハーバード大学のホーガン教授の提案したものである。

　先に説明したように「Contract Path」は意味がないので、全ての需給を揃えた上で、グリッド全体で一斉潮流計算をすることにより、送電グリッドのA地点に投入された電力が、B地点で引出されるときにどのルートにどのくらいの潮流が配分されて流れるかを算出することができる。米国では、当初はこの潮流計算の結果に基づき、送電線の予約を行うということも考えられたが、潮流計算の結果は、時刻により異なり、潮流が少しでも流れる送電線の全てを予約すること自体が現実的でないという結論に至った。そこで、登場したのが「Point-to-Point」の送電という考え方である。

　「Point-to-Point」の考え方では、送電グリッドへの電力のインプット point とアウトプット point だけ特定し、その間の潮流がどのように流れるかは、特定しないというものである。発電側と需要側で相対契約を結ぶと、次に、契約した電力を送電するために、相対契約の当事者は送電管理者（ISO、RTO）と送電契約を結ぶことになる。このときに送電グリッドへのインプット point とアウトプット point を指定することになる。送電管理者は、全ての需給が揃ったところで、送電グリッド全体で潮流計算を行い、グリッドのどこかで送電制約に抵触することが無いかどうかを確認する。特に問題が無ければ、ここで潮流計算にインプットされた需給は全てOKということで、約定が成立することになる

　「Point-to-Point」の送電契約も成立するということになる。このようにインプット point とアウトプット point だけを指定して、その間の送電ルートは、潮流計算に任せて特定しないというのが、「Point-to-Point」の送電の考え方である。これは、最初に解説したフローベースの基本原理に沿った送電契約の考え方と言えよう（**図2－3**参照）。

出典：Transmission Capacity Reservations and Transmission Congestion Contract（1996）、
ハーバード大学ホーガン教授等

図2-3　送電キャパシティの定義の進化

　このフローベース、「Point-to-Point」の考え方は、送電を「発電所
と需要を線で繋ぐ」という考え方ではなく、送電グリッド全体をパワー
プールとして、「パワープールへのインプットとアウトプット」で全
てを考え、かつ、パワープール全体として毎時・毎時の需給バランス
を取るという基本的な考え方をベースとしていると言い換えても良い
であろう。個々の送電線のことは考えずに、全体として需給が送電グ
リッドに納まるという考え方からは、個々の送電線のキャパシティを
予め個々の発電に割り振るという考え方は出てこない。全体として送

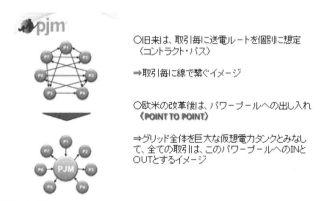

出典：PJM Webサイト

図2-4　送電線の割り当ては？

電グリッドに納まった需給が、送電キャパシティを割り振られた需給に自動的になり、これは毎時変化することになる（**図２−４**参照）。

　このように輻輳した線で繋ぐ送電の概念から、パワープールへの出し入れという考え方に転換したこと、計算能力を駆使して「人為的な仮定」を用いる従来の方法から、「仮定」を排除した毎時の実潮流計算に転換したところは、実はかなり「革命的」な変化ではないかと考えられる。ここの考え方の変化により、従前の送電管理と全く異なる管理に転換されることになる。転換後の世界には「想定潮流」という言葉は存在しない。

　以下は、我が国の制度検討の検討会の資料であるが、最も不利な条件を「想定潮流」として想定して、この一点での一点評価をしている。

　欧米では、最新のICT技術を用いて8,760時間の全時間の実潮流に

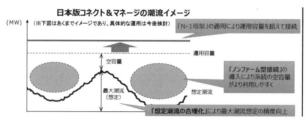

図２−５　日本版コネクト＆マネージの潮流イメージ①

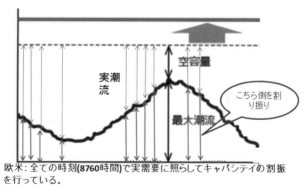

欧米：全ての時刻(8760時間)で実需要に照らしてキャパシティの割振を行っている。

図２−５　日本版コネクト＆マネージの潮流イメージ②

よるリアルタイム評価を行っているので、一点評価で切り捨てられているキャパシティも全て有効利用されることになる。

次に FERC のハンドブックに出てくるのは、送電管理についての簡単な説明である。説明の内容は、以下の通りである。

◎「Grid Operations：

　・送電管理者は、送電システムの制約と信頼性要件と整合を取りつつ、最もコストの低い発電施設を使用する給電指令を出す。」

これも米国の改革の基本的な考え方を端的に示している。前半は、送電管理者は、潮流計算を行うときに、送電線の物理的送電制約やN－1基準等（送電施設が一カ所破綻して使えなくなっても迂回ルート等で送電に支障が生じないように管理する。）の信頼性管理基準を考慮して、潮流計算を行い、送電グリッドに全ての需給が収まるかどうかの判定を行うことを示している。後半は、需給のバランスを取るときにコストの低い順に発電所を選択して行くことを示している。

これも米国のシステムの基本原則となる。差別のない送電サービスを行うことが、送電管理者には義務付けられているが、既存の発電施設に加えて多数の新規電源の接続があると、これらの発電施設の中から需要に見合った分を選択する必要があり、これを「差別なく」行うために「コストで選別する」ということを原則としたわけである。所謂、メリットオーダーによる発電選択ということになる。選択された発電施設に対して、送電管理者は発電指令を出すことになる。

発電所の位置や需要の位置、これを繋ぐ送電線の状況、信頼性要件との整合は、潮流計算の際に反映されるため、メリットオーダーの作業と潮流計算は、相互に関連を持ちながら進められ、最終的な発電指令が出されることになる。

先に例で示した東京電力の佐京連系ラインの場合であると、この佐京連系ラインに流れる電力潮流は、東電管内のあらゆる需給との時々刻々の相互関係で決まり、このラインに直接接続されている発電所の

稼働状況のみで決まるわけではない。グリッド全体の信頼性評価を行うと先の8月の例では、この佐京連系ラインの送電キャパシティは、1,350万kwということなので、8月においては、キャパシティすれすれの瞬間が30分〜1時間の間だけ存在する。このような瞬間だけ、房総半島内の最もコストの高い発電施設の出力抑制を行い、房総半島の外側の最もコストの安い発電施設の出力増加を行うという所謂「リ・ディスパッチ（再発電指令）」を行い、全ての需給をグリッド全体に収めるというのが、欧米のやり方となる。

　FERCのハンドブックではここまでが、最初に解説されているが、恐らくここまでに述べた、Transmission、Transmission Service、Grid Operationsの簡単な解説の中に、米国の電力システム改革の基本原則が説明されていると考えて良かろう。言わば、基本哲学が示されているわけである。

2.2　米国の送電オペレーションの概要

　ここからは、米国の送電オペレーションの具体的な方法について概説する。FERCのハンドブックでは、Day-Ahead Unit Commitment、System and Unit Dispatch、Ancillary Servicesの順で解説が進む。Day-Ahead Unit Commitmentは、先に述べた「送電管理者は、送電システムの制約と信頼性要件と整合取りつつ、最もコストの低い発電施設を使用する給電指令を出す。」というプロセスの内の前日の内に対応しておく送電オペレーションである。System and Unit Dispatchは、当日のリアルタイムの送電オペレーションの部分となる。さらにこれにAncillary Servicesとして、毎瞬間の周波数維持のための送電オペレーションが加わる。
　図2−6はPJMの例であるが、全体的な流れとしては、図2−6のようにDay-Ahead（前日市場）の処理がまず行われ、次に、Unit

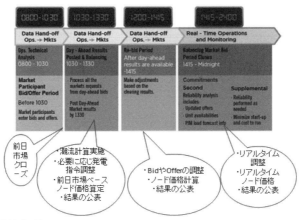

図2−6　PJMのオペレーション

Dispatch（リアルタイム）の処理が市場とリンクしながら行われるという流れとなる。Ancillary Services は、需給のバランスや送電の状況を見ながらリアルタイムで随時実施される。

◎「Day-Ahead Unit Commitment ①：

　・前日市場ユニットコミットメントの段階では、オペレーターは、通常、次の 24 時間の間、1 時間毎にどの発電ユニットに給電指令を出すかを決定する。これはリアルタイム処理に先立って行われる。一部の発電ユニットがオンラインになるまでに数時間のリードタイムを必要とするためである。」

　欧米のシステムでは、前日市場で一度需給のバランスを取り、発電、需要の約定を成立させるというプロセスを行う。これは、FERC の説明に書いてある通り、発電施設の種類によっては、起動・停止・出力アップに数時間要する施設があるので、前の日の段階で発電スケジュールを決めておく必要があるからである。この場合、需要ビットとして前日に市場に需要側から出される要求は、必ずしもピッタリと当日の実需に合っているとは限らない。そこで、ISO 等の送電管理者は、ISO

の開く前日市場に提出された需要ビット全体に気象予測等に基づく自前の需要予測による修正を加えて、（米国の場合は）1時間毎にどの発電施設に発電指令を出すかのスケジュールを決定する。

◎「Day-Ahead Unit Commitment ②：
　・最も経済的な発電機を選択する際には、オペレーターは、需要予測とともに発電量をどの程度速く変更できるか、発電量の最大値と最小値、発電機の最小始動時間などの各発電ユニットの物理的動作特性を考慮する。オペレーターは、燃料コストや非燃料由来の運転コストや環境対応コストなど、発電単価の要因も考慮する必要がある。また、送電網に影響を及ぼす可能性のある事項を予測・考慮して、最適な送電が確実に行われるようにする必要がある。これはコミットメント分析の信頼性面である。」

　前日市場の結果を受けた、前日段階の発電スケジュールの決定にあたっては、送電管理者は、需要予測に合わせるだけではなく、発電施設の出力アップの速度や始動時間といった、時間ファクターも考慮して所定の時刻に所定の出力が確保できるように発電施設の選択を行う。また、発電施設が前日市場にオファーを提出する場合には、時刻と出力を設定してオファーすることになるが、米国の場合は同時に出力の上振れの上限、下振れの下限、ランプアップ、ランプダウンの速度についても申告することになっていて、送電オペレーターは、需給の変動を考慮しつつ、これらの要素も考慮して発電施設を選定する。ただし、これらの作業は全てコンピューター上で自動的に行われることになる。
　先に説明したように米国のシステムでは、発電施設の選択の基準は「コスト」である。そこで、市場にオファーされた発電施設を全て、コストの安い順に並べて、安い方から順に発電スケジュールに組み込むことが行われている。**図2−7**は、NYISO（New York

Independent System Operator）の発電所の市場供給曲線（メリットオーダー曲線）の例である。少し古くてシェールガス発電が本格化する前の資料と思われるが、ニューヨーク市場の全ての発電施設が、限界生産コストに従ってソートされている。例えば、ニューヨークでの発電指令は、まず風力発電所、続いて水力、原子力、石炭、ガス、石油火力の発電機の順となる。このような順番に基本的には、発電施設は選択されていくことになる。ここで注意すべき点は、ここで言うコストは、限界コスト（追加的なコスト）ということで、主として燃料代等の増加分ということになる。第3章でマニュアルに沿って詳しく見ることになるが、多くの発電所は前の時刻の発電指令に引き続き次の時刻の発電指令を継続して受けるので、前の時刻の状態を考慮して次の時刻の発電指令は出されることになる。したがって、ここでは出力増加、出力減少という対応が必要となる。

（FERC資料）

　ただし、発電側が初期コスト分も見込んで市場にofferすることは可能であるが、発電指令を高い確度で受けるという点からは不利となる。電力卸売市場の価格は、メリットオーダー曲線と需要との交点の

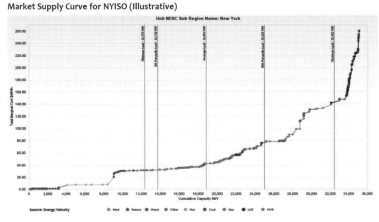

図2−7　NYISOにおける発電所の市場供給曲線の例

価格で決定されるので、大多数の発電施設は、offer と卸売市場価格の差から初期コストを回収することが可能となる。

◎「Day-Ahead Unit Commitment ③：

・グリッドに影響を与える要因は、発電及び送電設備の点検・故障、負荷レベル及び流れの方向及び気象条件などである。信頼性分析により、最適な経済的な給電指令が実行できないとされた場合、安価な発電ユニットが高価な発電機に取って代わられることもある。」

前日市場の発電スケジュールの決定に際しては、発電側の状況だけではなく、送電設備の状況も考慮する必要がある。前日段階の需要予測の対象とされた需要点と選択された多数の発電候補は、実際には地理的・空間的に広く離れて分布している。これを送電施設が繋いでいるわけであるが、先に、説明したようにこれらの多数の需要候補と発電施設候補が同時にグリッドに上手く収まるかどうかを検証する必要がある。この際に、単に「収まる」ということではなく、一定の信頼性基準の前提の下に、収まることを確認する必要がある。例えば、Ｎ－１基準（送電施設が一つ破綻しても通常通りの送電が行える余裕を持たせる）といったものへの対応ができるかどうかも含めて全グリッド一斉潮流計算により確認するわけである。この信頼性チェックが Day-Ahead Unit Commitment の重要な作業の一つとなる。この段階で、グリッドのどこかの送電線で信頼性基準違反が検出された場合には、最もコストの安いセットとして市場により選択された発電セットに対する発電指令を一部修正（リディスパッチ、発電抑制）して、信頼性基準が満たされるかどうか再度潮流計算を行い確認するという作業を行う。これらの作業は、グリッド全体として信頼性基準を満たすことを確認するまで、何回も繰り返し行われる。

　市場選択による最もコストの安い発電指令セットから一部変更されるので、その分全体の発電コストは上昇することになる。また、後に

説明するように、送電制約の前後で市場価格の分離が発生する。

　再生可能エネルギー（再エネ）との関係では、再エネの限界価格は安いために市場選択では選択されることになるが、一般に再エネは需要地から遠い遠隔地に立地しているので、間の送電線の送電ネックにより Day-Ahead Unit Commitment の作業で発電指令から外されることもあり得る。再エネから見れば、「出力抑制指令」ということになるが、再エネの代わりに送電ネックの需要地側のどこかの発電所に振替の発電指令が出ることになるので、両者合わせて考えると Re-dispatch（再給電指令）ということになる。

　前日市場がクローズされた後で、この Day-Ahead Unit Commitment の作業により、前日市場対応の発電スケジュールが決定される。この作業は、もちろん個々の送電線を区分して行うのではなく、グリッド全体で全ての Input と Output を揃えた上で一斉に潮流計算を行い、全体の潮流に齟齬がないようにする。この前日市場対応の発電スケジュールは直ぐに公表され、発電事業者等は翌日のスケジュールの準備に取り掛かるわけである。ISO、RTO の多くは、この前日市場対応の発電スケジュールの公表の後に、リアルタイム市場の始まる 75 分前までは、前日市場への需要 Bid、発電 Offer の変更を許容している。変更の内容は再度最終的な Day-Ahead Unit Commitment の作業を経て、リアルタイム市場の開かれる直前に「確定した前日市場対応の発電スケジュール」として公表される。前日市場の変更時間に変更の行われなかったスケジュールはそのままリアルタイム市場のスケジュールとして持ち越され、変更したものは変更した結果がスケジュールに組み込まれたかどうか最終確認できることになる。一般に、前日市場で確定した発電スケジュールは、リアルタイム市場で変更を加えない限り、そのままリアルタイムの発電スケジュールとして引き継がれる。

　前日市場の段階では、ISO、RTO は、需要 Bid だけではなく、自らの需要予測に基づき Day-Ahead Unit Commitment の作業を行う

（一般に SCUC：Security Constrained Unit Commitment という）。需要 Bid が、翌日の需要を正確に反映しているとは限らないので、需要予測結果で補正した需要を前提に、前日市場対応の発電スケジュールを決定するという点に留意する必要がある。この需要予測と実際の需要の差等を埋めるのがリアルタイム市場ということになる。また、再エネ発電の場合には、発電予測と現実の発電の差もリアルタイム市場で埋められることになる。

　また、後に詳しく説明するが、前日市場段階の Node（送電の結節点で、変電所や開閉所が一つの Node となる。）毎の卸売市場価格もここで一度公表される。一般に、前日市場の発電スケジュールから変更なく発電された電力については、この前日市場の Node 価格が適用される。

　我が国では、発電施設が送電線に接続される段階で、現実の発電指令に関わりなく、送電線のキャパシティの割り振りの議論がされることが多いが、ここまでの説明で理解できるように、米国においては、このような議論は存在しない。前日市場の Unit Commitment の方法を見れば分かるように、Re-dispatch のような発電指令の一部微修正が、送電混雑の区間・瞬間だけ行われるものの、最終的に前日市場の発電スケジュールが確定した段階では、全ての需給は送電グリッドに納まっているわけである。つまり、「Unit Commitment の結果」＝「送電割り振り」ということになる。この結果は、時刻毎の需給変化に応じて決まるので、言わば、毎時毎時・各送電区間毎にリアルタイムの潮流計算で最適な送電割り振りを計算機で行っているということになる。需給の状況に関わりなく、「最悪事態を想定して送電線を予め割り振る」という非効率・前時代的な方法は、米国では 20 年前に行われなくなったわけである。欧州や一部のアジアの国でも米国に次いで次々と同様のシステムに置き換えられている。なお、我が国の場合、「接続＝発電指令を受ける」という考え方に近いが、米国では接続しても必ずしも発電指令を受けられるとは限らず、発電指令を受けられるか

どうかは発電のコストと接続場所に依存するので、発電側は事前にシミュレーションを行い、発電指令が受けられるかどうか見極めることになる。

◎「System and Unit Dispatch … Real-time operation」①
「システムディスパッチ段階では、実際の負荷とグリッド条件を考慮して、ユニットコミットメント段階で利用可能な各リソースの運転レベルをリアルタイムで決定し、全体的な発電コストを最小限に抑える必要がある。
・実際の需給の状況は、前日市場の commitment で予測されたものとは異なり、オペレーターはそれに応じて給電指令を調整する必要がある。
・リアルタイムオペレーションの一環として、60 ヘルツのシステム周波数を維持するように、需要・供給及び域外取引をバランスさせなければならない。これは、通常、自動発電制御（AGC）によって行われ、必要に応じて給電指令を変更する。」

　先に述べたように前日市場段階の予測と実際の需要やこれに伴うグリッドの状況は、必ずしもピッタリとは一致しないので、リアルタイムのオペレーションとして最終的に調整することになる。FERC によれば、約95％は前日市場で決定し、残りの約5％をリアルタイム市場で調整しているということである。
　リアルタイムのオペレーションにおいてもリアルタイム市場への需要 Bid、発電 Offer の結果が反映される。ISO、RTO が前日市場と実需との差を調整力で調整する前に、市場参加者もリアルタイム市場で前日市場と実需等のズレを調整することができる。リアルタイム市場で前日市場のスケジュールに追加された需要 Bid、発電 Offer も含めて、Real-time commitment の作業を前日市場と同様に行い、グリッドに収まるかの確認を行う。恐らく、ここでの潮流計算は、前日市場

の結果の上に載って逐次補正計算を行うのではないかと推測される。ここでも、コストの低い発電 Offer から順に採用していく点は、前日市場と同様である。この場合に、変更されていない前日市場のスケジュールはそのままリアルタイムのスケジュールに組み込まれる。リアルタイム市場の需要 Bid、発電 Offer によっても残る需給のインバランスがある場合には、ISO、RTO は、調整力を投入してバランシングを行うが、この場合の各種調整力は、米国の場合、前日市場と同時に同一市場内で受け付けられる。

　米国においては、発電 Offer の電子申込の様式の中に上振れ上限、下振れ下限等の記入欄やランプアップ、ランプダウンの速度の記入欄があり、ISO、RTO は、これらのデータを用いながら、エネルギー、調整力の両者の合計調達コストが最小になるように Real-time commitment の作業を行う。この点は、欧州と異なる点である。欧州の場合は、調整力市場はエネルギー市場とは、分離しており、欧州の TSO は調整力市場のみ運営している。調整力の発動のタイミングも、欧州の場合は、エネルギー市場が完全に閉じた後の最終給電指令の段階で調整力を動員するので、エネルギー市場と調整力市場を合わせて最適化するということはできない。

◎「System and Unit Dispatch … Real-time operation」②
　「送電電力が信頼性限界内に留まるように、監視する必要がある。送電電力が許容限度を超えた場合、オペレーターは出力抑制（curtailing schedules）、給電指令の変更（Re-dispatch）、需要抑制などの是正措置を取る必要がある。オペレーターは、状況をチェックし、修正された発電指令を5分毎に発出することができる。」

　Real-time commitment の作業で、信頼性違反が検出された場合には、前日市場の SCUC の場合と同様に、出力抑制（curtailing schedules）、給電指令の変更（Re-dispatch）、需要抑制等の必要なオ

ペレーションが行われる。

　米国のシステムでは、5分毎に潮流計算の修正を行っており、5分毎に発電指令を出すことができる。リアルタイムの Nord 卸売価格も、米国のシステムでは、同時に計算しており、リアルタイムで Nord 価格は変化している。

　Real-time commitment でスケジュールに組み込まれた需給の決済は、一般にリアルタイムの Nord 価格で決済される。例えば、前日市場で過剰な発電 Offer を出しておいて当日の需要が伸びずに、リアルタイム市場で発電下振れ Offer（一種の需要 Bid）を入れて調整すると過剰発電で下落した卸売電力価格で調整することになり、損をすることになるわけである。

　リアルタイム市場の場合も、前日市場と同様に、送電線の割り振りは、Real-time commitment の結果として、スケジュールに組み込まれた需給に自動的に割り振られているということになる。しかも、この割り振り作業は、5分毎に修正されているということになる。

◎「Ancillary Services」

「アンシラリーサービスはリアルタイムで、または、リアルタイムに近い状況で提供される。NERC と RTO 等の間で、グリッドの信頼性を維持するために最低限必要なアンシラリーサービスの内容が取り決められている。」

　微妙な需給調整、周波数維持等のグリッドの信頼性を維持するために必要なアンシラリーサービスの水準は、North American Electric Reliability Corporation（NERC）という電力信頼性の確保のための非営利団体において ISO、RTO 等を跨る広域の信頼性の確保のための各種の取り決めの一つとして取りまとめられている。具体的な内容は以下のもので、我が国も含め、世界で共通のものと言って良いであろう。

[Regulation]

・負荷の非常に短期間の変化に伴い、通常は数秒毎に自動制御により発電機の出力を増減させることによって調整を行う。この調整は、システム周波数を維持するように行われる。

[Operating reserves]

・発電ユニットが不測の解列をしたときに負荷・発電のバランスを回復するために必要となる。Operating reserves は、発電量の増加や需要の削減等により、需給バランスの修復のために素早く行動できる発電ユニットと需要資源により提供される。これには三つのタイプがあり：

① Spinning reserves

・最初に発動される。Spinning reserves が提供されるためには、発電機はオンライン（システム周波数と同期している）で、発電キャパシティの余裕（予備）があり、10分以内に発電量を増やすことができなければならない。通常は、同期化されている発電機の出力を増やすか、ポンプ式貯蔵水力発電所の負荷を減らすことで、このリザーブは提供される。このような同期されたリザーブは、需要側のリソースによって提供することもできる。

② Nonspinning reserves

・10分でオンラインにすることができるユニットにより提供される。需要側からも提供可能。

③ Supplemental reserves

・30分で利用可能となり、システム周波数と必ずしも同期していない発電機から提供される。通常、前日市場段階で組み込まれており、Supplemental reserves を単一の市場清算価格で清算することができる（RTO 等の場合）。

以上が米国の送電オペレーションの概要ということになるが、この全体像をチャートにまとめたものの例として以下に、NYISO の例を

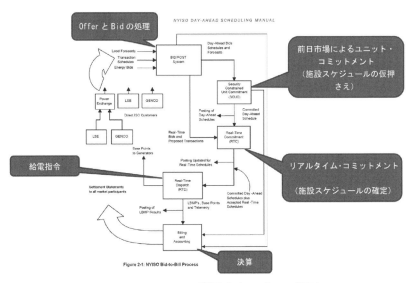

図2-8　NYISOの送電オペレーション概要

示す。

　図2-8のように、Bid-Post システムは、Bid、Offer の処理をする
とともに、顧客とのインターフェイスを構成する。Bid-Post システム
でメリットオーダーによりコストの安い順に選択された前日市場の発
電のスケジュールの案は、SCUC に送られ、送電グリッドに納まるか
どうかの信頼性チェックが行われる。信頼性基準に反する部分が検出
された場合には、SCUC では、Re-dispatch 等により、メリットオー
ダーにより選択された発電所の一部修正を行う。需給全体が一定の信
頼性基準の下でグリッドに納まることを確認すると、前日市場のスケ
ジュールが確定し、この結果が公表される。

　このスケジュールは、RTC に送られ、RTC では Bid-Post システム
から送られるリアルタイム市場の Bid、Offer を用いて前日市場のス
ケジュールと実需要とのズレ等を補正し発電指令スケジュールを確定
する。

　確定した発電指令スケジュールは、公表されるとともに RTD（リ

アルタイム発電指令）により、各発電所に指令として出される。この結果は、最後に決算システムに送られ、会計処理がなされる。

　以上が、米国の送電管理の大略の流れである。**図2−8**は、NYISOのものであるが、米国の他のISO、RTOも多少の相違はあっても、概ね同様な流れで送電管理を行っている。欧州の送電管理の概略については、米国ほど情報公開されていないので、正確なところは不明であるが、欧州においても概略の流れとしては、同様な管理が行われているものと推察される。

2.3　卸売電気市場と取引の概要

　次にFERCのハンドブックでは、卸売電力市場の説明を行っている。先に行ったシステムの説明を見れば分かるように、改革後の米国の電力システムは、市場と密接な関係を持って運営されている。市場の説明に入る前に、送電顧客はISO、RTOとどのような契約を結ぶのかを理解しておく必要がある。米国の送電顧客は、大きく二つのカテゴリーに分類される。「相対取引」と「市場からの調達」である。相対取引のFERCの説明は以下の通りである。

◎「相対取引」
「・相対取引またはOTC（店頭）取引は、RTOを通じて行われない。相対取引では、買い手と売り手は取引を行っている当事者の身元を知っている。相対取引は、voice broker を通じて、またはIntercontinental　Exchange（ICE）などの電子仲介プラットフォームを介して、当事者の直接交渉により行われる。
　・ある地点から別の地点への物理的なエネルギーの移動を伴う相対取引は、両当事者が送電グリッドにより電力を移動させるための送電キャパシティを確保することが必要となる。送電管理者は、OASIS（Open Access Same-Time Information System）ウェブサイト上で

利用可能な送電容量及び利用のためのサービスを提供する必要がある。トレーダーは、通常、電力契約をすると同時に OASIS で送電容量を予約する。」

　相対取引では、契約当事者どうしが、直接交渉を行い契約を交わすので、ISO や RTO の関知しないところで、契約が成立することになる。単なる金銭上の取引ならこのままでよいが、実際に電力の物理的な送電を伴う相対取引の場合には、取引当事者は送電キャパシテイを確保するために RTO、ISO に、別途、送電申し込みを行い、送電契約をかわす必要がある。送電管理者は、全ての送電申し込みを公平に扱うことが義務付けられている。相対契約の場合には、発電 Offer が市場に出される場合と異なり、相対契約の当事者たる発電所について、送電管理に必要となる発電所の諸元が自動的には RTO、ISO に入ってこない。そこで、米国においては eTag という制度が設けられ、相対契約に伴う発電諸元が中立機関を通じて、RTO、ISO 等の関係者に周知される仕組みとなっている。

◎「eTag」
「・電力を送電するために送電予約を行う時には、契約当事者の内の一人が NERC の eTag 請負業者である Open Access Technology International（OATI）に同時に eTag を電子的に提出する。
　・OATI はタグを処理し、eTag に記載された全ての関係者に送信する。これにより、エネルギーの秩序だった送電が保証され、出力抑制を行う必要が生じた場合に必要な情報が送電管理者に提供されることになる。システムの状況変化によって、いくつかの契約に対して出力の低減、停止の必要がある場合には、出力抑制指令が必要となることがある。」

　相対契約の当事者は、ISO 等に対する送電予約と同時に OATI と

いう機関にeTagにより発電諸元等を電子的に提出する。ISO等は、このeTag情報に基づいて、出力抑制等の発電所に対するコントロールを行う。

　米国においては、電力の小売り事業者が、電力を調達する方法は、同一DSO（配電網）内にある自己所有の発電所からの自己供給、相対契約により送電線を用いて遠方から電力を調達する、RTO、ISOの提供する電力卸売市場から調達する、という三つの方法がある。米国においては、ISO、RTOにより、どのような手法が、主流となっているのかについてはかなり差異がある。FERCによると、ISO-NE、NYISO、及びCAISOの管内では、小売業者は、発電施設の大部分、または、全てを手放しており、小売業者は相対取引及びRTO・ISO市場からの市場調達を通じて顧客の需要を満たしている。一方、PJM、MISO、及びSPPの管内では、小売業者は、直接または関連会社を通じて相当量の発電施設を所有しており、自己供給、相対取引、RTO市場からの購入により、電力を調達している。

送電管理者の設ける市場

　欧州においては、エネルギー市場は、TSOとは別の事業体が運営しており、TSOは調整力市場のみ直営で運営しているが、米国においては、ISO、RTOが、直接、エネルギー市場、調整力市場を運営しており、先に説明した通り、両市場を同時に開いている。このため、ここではエネルギー市場と調整力市場を特に区別せずに説明する。

　米国においては、市場は基本的に「前日市場」と「リアルタイム市場」で、構成される。前日市場の役割は、稼働日前日に翌日の発電と需要のスケジュールを決定するのに対して、リアルタイム市場（バランシング市場とも呼ばれる）の役割は、信頼性基準、予期しない故障、送電制約を踏まえながら、前日市場のスケジュールとリアルタイムの実際の需要の間の相違を調整することにある。

　前日市場により、電力の発電と消費の財務的に拘束力のあるスケ

ジュールが実際の発電と消費の行われる日（稼動日）の1日前に作られる。前日市場が存在することで、発電事業者や小売事業者は、事業活動の始まる充分前に、事業戦略との整合が取れ、事業予測に基づいた、活動計画を立て、準備をすることができるようになる。先に述べたように、立ち上がりの遅い発電所の対応も可能となる。

　前日市場の運営は、FERC によると、概ね以下のように行われている。

「市場のルールに従って、発電業者が発電 Offer を、小売り事業者が需要 Bid を、所定の締切（通常、前日市場の開かれる朝）までに RTO に提出するよう定められている。一般的に、エネルギー取引全体の95％が前日市場で取り扱われ、残りはリアルタイム市場で取り扱われている。

　①前日市場では、エネルギーの供給と使用のスケジュールは、稼働日の開始よりも数時間前にまとめられる。

　②RTO は、市場コンピュータモデルを動かし、翌日一日について1時間毎に管轄区域全体にわたる供給側と需要側の照合を行う。

　③このモデルでは、発電機から消費者にグリッドにより電力を送電する際の電力潮流計算を行い、発電 Offer と需要 Bid を評価する。さらに、このモデルにおいては、天候や設備の点検・故障に基づいて発生するシステム能力の変化、システムの信頼性を保証するためのルールや手順が考慮される。

　④前日市場によりスケジュールに組込まれた発電・需要は、前日市場価格で決済される。」

　この辺のオペレーションは、既にシステムの項で説明した通りであるが、前日市場段階で、まず、グリッド全体の潮流計算を行うが、この際にコンピューターに投入される情報としては、毎時の発電 Offer、毎時の需要 Bid、需要側のデマンドレスポンス Offer、ISO、RTO によっては仮想需要 Bid 及び仮想供給 Offer、発電機の点検・故障・最

大最少発電出力や立上時間等の発電機の物理特性、外部市場への相互接続の状況等を含む送電グリッド及び発電資源に関する運転情報といった、項目がインプットされ、総合的に前日市場スケジュールは決定される。米国においては、「需要側のデマンドレスポンス Offer」は、発電 Offer 並びで扱われ、最初から前日市場のスケジュールに組み込まれることもあるわけである。また、この時点で天候の変化に対する調整力が同時に約定されることも理解できる。

また、仮想需要 Bid 及び仮想供給 Offer は、物理的な需要、発電を伴わない金融的な Bid、Offer である。これらの扱いは ISO 等によって異なるが、NYISO の例では、前日市場で出されたこれらの仮想 Bid、Offer は、当日のリアルタイム市場で同一地点、同一時間で逆の仮想 Bid、Offer を出して相殺することが義務付けられており、実発電指令の段階では、これらの仮想 Bid、Offer の影響はなくなる。

前日市場の決済は、前日市場の Nord 価格に基づいて行われ、リアルタイム市場の決済は、リアルタイム市場の当該時刻の Nord 価格に基づいて行われるので、仮想 Bid、Offer の当事者は、この前日市場とリアルタイム市場の価格差で裁定取引を行うわけである。

リアルタイム市場の運営に関する FERC の説明は、以下の通りである。
「・リアルタイム市場は、前日の需要予測等に基づき、前日市場で予定された電力量と実際のリアルタイムの負荷との間の差を調整するために使用される。

・リアルタイム市場は各時刻毎に5分間隔で実行され、前日市場よりもかなり少ない量のエネルギーとアンシラリーサービスが調整される。米国では、一般的に、全体のエネルギーの5％が取り扱われる。

・発電事業者にとっては、リアルタイム市場はエネルギーを市場に提供するための追加機会となる。

・前日市場に対してプラス、マイナスの取引はいずれも、リアルタ

イム価格で決済される。リアルタイム市場価格は、一般に、前日市場
価格より変動が大きくなる。」

　リアルタイム市場は、前日市場での需要・発電の予測の実際の需要
等からのズレ分等を修正するために、プラス、マイナスの取引が行わ
れることになる。発電事業者や需要側にとっても自らの予測から外れ
た分をここで修正することにより、インバランス・ペナルティを避け
ることが可能となる。リアルタイム市場の結果は、５分毎に潮流計算
され、発電指令に反映されるので、需要と送電キャパシティの空があ
れば、ギリギリまで発電所は追加で電力を市場に出すことが可能とな
ることになる。前日市場で売り損ねた電力をここで追加で売ることも
できるわけである。ただし、前日市場で決定されたスケジュールは、
基本的にはそのまま発電指令されるので、前日市場で取り損ねたもの
を覆すことはできないようになっている。前日市場の修正は、リアル
タイム市場の価格で上書きすることにより修正されることになる。

　ここまでの説明でNode価格という言葉が何回か登場しているが、
ここでNode価格の説明を行うこととしたい。再び、FERCのハンド
ブックの説明を見ると以下の通りとなっている。

◎「LMP」
「・RTOは、送電混雑の処理を行う際して、LMPによる電力市場
を利用した方法を用いている。

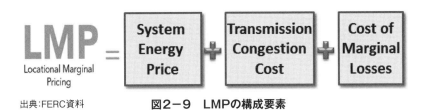

出典:FERC資料　　　　　　　図２－９　LMPの構成要素

・RTO は、電力グリッドの所要の場所で LMP を計算する。

　・LMP は、発電指令の出ている一連の発電機のセットと送電制約を考慮し、特定の場所での電力供給の限界コストを反映したもの。

　・LMP は、エネルギー料金、渋滞料金、エネルギー損失の三つの要素から構成されている。

　・送電制約や送電混雑がない場合、RTO の管理地域全域で LMP は大きく変化しない。

　・送電混雑は、最小コストの発電選択に対して十分な送電容量がない場合に発生する。このため送電制約が無い場合には動作しないより高コストの発電施設に対して、需要に対応するために給電指令を出すことになる（Re-dispatch）。

　・市場ベースの LMP は、市場参加者に送電混雑コストを反映した価格シグナルを送信する。つまり、LMP は、特定の発電機の送電制約への影響と、需要に対応するための給電指令変更（Re-dispatch 再給電指令）のコストの両方を考慮に入れていることになる。

　この給電指令の変更は、security constrained redispatch と呼ばれる。」

　LMP（Locational Marginal Pricing）の考え方は、電力会社毎の単一の料金表に慣れ親しんでいる日本人には分かりにくいが、合理的な考え方である。これは、ノーダルプライシングという Node 毎に卸売価格を決める考え方である。Nord とは何かというと、送電線の結節点ということになるが、具体的には、発電施設からの接続線が接続される変電所等、配電グリッドとの接点となる変電所等といった変電所等が Nord となる。これらは、市場参加者との接点であり、ここで決まった卸売価格がこの Node に接続している市場参加者の市場価格となる。米国の場合は、配電グリッド（6万9,000V以下）との接点となる変電所で、送電から配電に電力が受け渡されるが、このポイントは配電側の受け取る市場価格のポイントでもあり、また、規制権限の

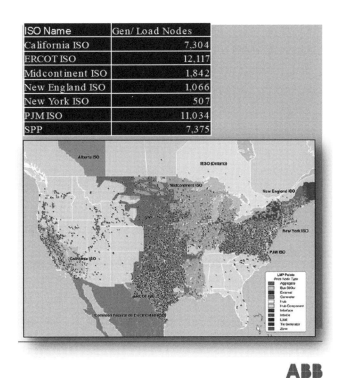

ISO Name	Gen/ Load Nodes
California ISO	7,304
ERCOT ISO	12,117
Midcontinent ISO	1,842
New England ISO	1,066
New York ISO	507
PJM ISO	11,034
SPP	7,375

出典：ABB資料

図2−10　米国の送電Node

境界でもある。米国の制度では、送電は連邦の管轄となるが配電や発電所は州の管轄となるので、この管轄境界ともなっている。

　このNordの数は、NYISOでは500程度、PJMでは1万1,000程度の多数となっている。我が国で言うと一次変電所あたりがこの境界線になると思われる。

　米国においては、このNord毎に電力卸売価格の設定が行われている。Nordが多数存在していても送電ネックが存在しなければ、Nordの価格差は送電ロスに伴うものだけとなり、全地域でほぼ同一電力卸売価格となる。しかし、送電ネックが存在すると、その送電ネックの前後で電力卸売価格は異なるものとなる。

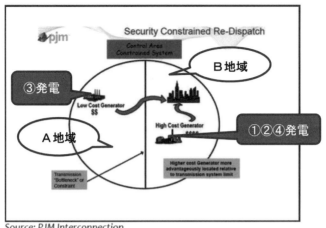

Source: PJM Interconnection

ノーダルプライシングのイメージ

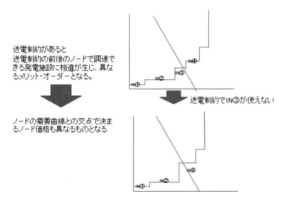

送電制約があると
送電制約の前後のノードで調達で
きる発電施設に相違が生じ、異な
るメリット・オーダーとなる。

送電制約でIN③が使えない

ノードの需要曲線との交点で決ま
るノード価格も異なるものとなる

図2−11　Re-dispatchに伴う卸売価格の変化

　FERC はこの辺について、以下のような説明を行っている。

　図2−11に示すように、A、Bの二つの地域があり、B地域内の
都市への電力供給を行うとする。発電所は、四つあり①②④の発電所
はB地域にあり、③はA地域にあるとする。メリットオーダーでコス
トの安い順に並べると、①②③④の順になっているとする。A、Bの
地域を繋ぐ送電線に送電混雑が存在しない場合には、A、Bの二つの
地域は一体的に運用され、両地域の全ての発電所を統合したメリット

オーダーにより、コストの安い順に発電所が選択され、需要とのバランス点が③発電所の出力の範囲にあるとするとA、B両地域の卸売電力価格は、③発電所の価格となる。A、B両地域の間に送電制約があって、A地域の③発電所の電力がB地域に送れないということになると、B地域のメリットオーダーは①②④で構成され、需要とのバランス点は、④発電所の出力の範囲となる。このため、B地域の卸売電力価格は、高い④発電の価格となる。

　送電管理の手順で考えると、A、B両地域の需要 Bid と発電 Offer を全て揃えたところで、SCUC のシステムで潮流計算を行ったところ、AB間で送電制約違反が発見されたために、SCUC の作業の中で、③発電から④発電に発電スケジュールが変更されるという Re-dispatch が行われたことになる。この結果、B地域の都市への接点となる Node の卸売電力価格が高くなるわけである。実際には、もっと複雑な潮流計算の下に Nord 価格は、決定されることになるが、送電混雑により Nord 価格が変化する時のイメージは、この模式図で理解できるのではないかと思われる。

　つまり、送電混雑に伴う Re-dispatch により、本来の市場価格からのズレが生じ、Nord 価格の相違が生じるという理解で大きな間違いはないと言えよう。米国においては、この Node 価格の差額を「混雑料」として定義している。

　米国では、全ての卸売電力の売手は、売電地点の LMP で決済し、全ての卸売電力の購入者は購入地点の LMP で決済することとされている。

　ここで、説明を送電サービスとの関係に戻すことにする。米国の送電サービスは、以下の二つのサービスに大別される。FERC の説明は以下の通りである。

◎「Transmission Operations」：

「・各 RTO の OATT（Open Access Transmission Tariff）には、利用できる送電サービスが定められている。

①顧客は、OASIS（Open Access Same-Time Information System）を通じて送電サービスの申し込みをする。

②RTO を含む送電管理者は、Point-to-Point サービスとネットワークサービスという二つの主要な送電サービスを提供している。ネットワークサービスは一般に Point-to-Point サービスよりも優先される。

③RTO は、送電所有者と協力して、ネットワークと Point-to-Point の顧客に送電サービスを提供するために、送電施設の運用、保守及び拡張を計画調整する。」

米国においては、送電サービスを受けようとする顧客は、FERC の定めた送電情報システム OASIS のシステムを用いてサービスの申し込みを行うことができる。送電サービスの種類は、Point-to-Point サービスとネットワークサービスの二つに大別される。Point-to-Point サービスは、相対取引用のサービスで、本章 22 ページ「Transmission Service」で述べたように、相対取引の電力の Input 地点と Output 地点とその間の送電電力量を定めて ISO、RTO と送電契約を結ぶサービスである。ネットワークサービスは、ISO、RTO の設ける市場を利用して行う電力の取引である。したがって、ネットワークサービスにおいては、電力の買い手が発電施設を指定することはない。ネットワークサービスは、電力の Nord 卸売価格に従うサービスなので、送電混雑の結果がそのまま価格に織り込まれていることもあり、通常 Point-to-Point サービスより送電の優先順位が高い。送電混雑により、「混雑料」が頻繁に発生する状況は好ましくないので、ISO、RTO は、必要に応じて送電線の拡張について送電所有者と調整を行うことになる。米国においては、ISO、RTO は、非営利の中立的な送電管理機関として設立されており、ISO、RTO は送電線を所有していない。

ISO、RTO は、元々送電線を所有していた垂直統合の電力会社等と TCA（送電協定）を締結し、送電管理を移管されている存在である。このため、送電線の拡張が必要となる時は、送電所有者（TO）と送電線の拡張について協議する必要がある。この点は、米国の制度の欠点の一つということもできよう。このため、米国においては、欧州のように TSO として送電線管理者が送電線を所有する場合に比べて、送電線の増強がし難い環境となっている。

　各サービスの内容は、FERC によると以下の通りである。
◎「Network transmission service」：
　・ネットワーク送電サービスは、ネットワーク発電事業者から ISO、RTO 管内のネットワーク小売事業者への送電に使用される。
　・ネットワーク送電サービスを使用すると、ISO、RTO の地域内で、ネットワーク顧客は、発電リソースを使用してネットワーク需要を処理できる。また、ネットワーク顧客は、このサービスを使用して、経済的にエネルギーを購入しネットワーク需要に対して提供することができる。」
◎「Point-to-Point transmission service」：
「・Point-to-Point 送電サービスは電力投入地点と電力引出地点との間の送電のための ISO、RTO のシステムである。これにより ISO、RTO の区域の中で電力のインプットとアウトプットが可能となる。
　・ISO、RTO は、様々な期間にわたる、ファームまたはノンファームの Point-to-Point 送電サービスを提供している。
　・ファームサービスは、ノンファームサービスより優先権がある。
　・ノンファームサービスは、ネットワーク及びファームのサービス処理の後で利用可能な送電容量の範囲で提供される。」

　ネットワークサービスは、特定の発電事業者を指定するのではなく、ISO、RTO の市場からの電力の購入と言う形となる。ISO、RTO の

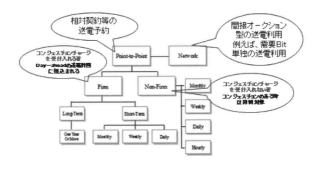

Exhibit 1: PJM Transmission Services （PJM-HP）

注)「Firm Point to point service」も混雑解消の観点等から差別なく
Redispatch、Curtailmentの対象。

図2-12　PJMのトランスミッションサービス

市場では、メリットオーダーにより、コストの安い発電施設が選択されるので、経済的に電力を購入することができる。Point-to-Point 送電サービスは、先に述べたように相対取引に伴う二地点間の送電サービスということになる。この場合も、本章2.1項で説明したように送電ルートを予め定めるようなことは行わない。パワープールへの出し入れの地点と量、時間を指定するという考え方である。したがって、相対取引であっても、当該取引に固有の送電線の割り振りが行われるわけではない。ここで、「ファーム」「ノンファーム」という言葉が出てくるが、これは Point-to-Point 送電サービスの中の選択肢である。

　Point-to-Point 送電サービスの申し込みがあると、ISO、RTO は、相対契約の内容を Input 地点における発電 Offer と Output 地点における需要 Bid に分解して、他の発電 Offer、需要 Bid と同時に SCUC の潮流計算により、送電制約違反のチェックを行う。ここで、送電制約違反があると相対契約であるにもかかわらず Re-dispatch により、他の発電所に発電指令が切り替わる可能性があるわけである。米国においては、Re-dispatch により、高コストの発電所による振替送電に切り替えられても、送電を確実に行いたい場合には「ファーム」の Point-to-Point 送電サービスを申し込むことになる。この場合には、

送電混雑時には Re-dispatch により当然「混雑料」が発生するが、この「混雑料」を受け入れるのが「ファーム」の Point-to-Point 送電サービスということになる。

　一方で「混雑料」を受け入れたくない顧客は、「ノンファーム」の Point-to-Point 送電サービスに申し込むことになる。この場合は、送電の優先順位は最下位となり、送電混雑が発生し Re-dispatch が必要となり「混雑料」が発生するような局面では、送電は打ち切られることになる。「ノンファーム」のサービスの実施が検討されるのは、リアルタイムの処理が終わった後で、なお、混雑が発生していないときであるので、通常は、混雑時には、ノンファームのサービスは送電打ち切りの扱いとなる。

　「ファーム」、「ノンファーム」の Point-to-Point 送電サービスの運用について NYISO の資料により詳しく見ると、以下の通りとなる。

◎「NYISO の Point-to-Point 送電サービス」：
「Firm Point-to-Point Transmission Service：
　・Firm Point-to-Point 送電サービスのスケジュールは、発電指令の出る 75 分前までに提出されなければならない。これ以降のものは、受け付けられない。
　・Firm Point-to-Point 送電サービスの顧客は、POR（Input 地点）、POD（Output 地点）の地点を Firm または、Non-Firm のベースで変更することができる。
　・複数の POR を設定し複数の発電所から送電することも可能。
　・Firm Point-to-Point 送電サービスを利用している顧客は、NYISO OATT の添付書類 J 及び NYISO サービス料金表の添付書類 B に従って、Re-dispatch 費用が課される。
　・信頼性維持のために NYS 送電システムで出力抑制削減が必要とされる場合は、出力抑制は送電制約を効果的に緩和する送電契約に対して差別なく行われるものとする。」

ここに記されているように、「ファーム」のPoint-to-Point送電サービスは、発電指令の出る75分前までは、変更できるということである。この発電指令の出る75分前というのは、NYISOの場合、前日市場のBid、Offerの修正の締切期限であるので、前日市場の最終確定の前までは、修正が可能となっている。「ファーム」「ノンファーム」間の変更もできるので、例えば、「ノンファーム」のPoint-to-Point送電サービスの申し込みをしていたところ送電混雑の発生により、送電混雑発生時間帯において前日市場で送電が打ち切りの扱いとなることが判明した場合には、修正時間帯で「ファーム」のPoint-to-Point送電サービスに切り替え、送電を確保することもできるわけである。この場合には、当然、Re-dispatchに伴う「混雑料」を負担することになる。

　また、複数のInputポイントを設定したPoint-to-Point送電サービスの申し込みも可能であることや「ファーム」の扱いであっても信頼性の観点から「出力抑制」が必要な事態が発生した場合には、出力抑制を受ける可能性があることが理解できる。

◎「Non-Firm Point-to-Point Transmission Service：
　・ノンファーム取引とは、混雑費用を支払う意志のない相対取引である。
　・Non-Firm Point-to-Point送電サービスは、送電混雑が契約のPORとPODの間に発生しない場合に利用可能となる。
　・全ての場合において、Non-Firm Point-to-Point送電サービスは、Firm Point-to-Point送電サービス及びネットワークサービスよりも優先度が低くなる。
　・RTMが閉鎖された後にRTC混雑データを使用してノンファーム取引選択プログラムが実行される。」
　ここに記されているように、ノンファームの取引は、最も送電優先順位の低い取引で、リアルタイムの処理が終わった後にリアルタイム処理後の混雑データを用いてノンファームの取引のためのシステムが

動かされることが理解できる。米国におけるファーム、ノンファームの差は、混雑料を払うかどうかの差であり、新設発電に対してのみノンファームを適用するようなことや、接続段階で扱いを固定してしまうような公平原則に反する扱いとはなっていない。

FTR の取扱い

　本章の最後に FTR の簡単な解説を加えておく。詳しくは、第3章で解説することになるが、基本的な考え方を FERC のハンドブック、PJM のマニュアルを用いて解説する。

　FTR は、ノーダルプライシングに特有の混雑処理の方法の一つである。送電混雑がある場合の Firm Point-to-Point 送電サービスでは、Input される Node と Output される Node で価格差が生じる。図2－13 に示すように Node A で発電事業者は Node A の Node 価格で市場に電力を売却し、需要側の Node B においては Node B の Node 価格で市場から電力を購入する形となり、両 Node の価格差分は、一旦、ISO、RTO の収入となる。ISO、RTO の収入のままであると、混雑するほど ISO、RTO の収入が増えるという逆インセンティブになることから、この収入分は、Congestion-rent（al）として、ISO、RTO が一旦預かり、Firm Point-to-Point 送電サービスの当事者に還元することにより、「混雑料」の発生に対するリスクヘッジとすると

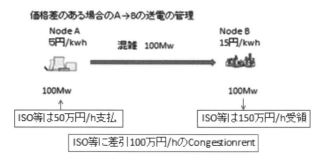

図2－13　Congestion-rent（al）の例

いう手法が米国では取られている。

　この例のような単純なケースでは、FTRとしてCongestion-rent（al）が全額還元されると「混雑料」は完全に解消されてしまうことになる。

　FTRについては、FERCの解説よりもPJMの解説の方が分かり易いので、まず最初にPJMの解説を見てみる。

◎「1.1　FTRの定義と目的（PJMのFTRマニュアル）：

　・FTRは、送電グリッドが前日市場で混雑し、混雑を回避するためにメリットオーダーから外れた発電指令が発出されることに伴い発生する前日市場の混雑料金の差により生じる送電混雑料金の補償を受ける権利をFTR保有者に付与する金融的手段である。

　・各FTRは、電力投入地点（PJMグリッドに電力が投入される場所）から電力引出地点（PJMグリッドから電力が払い出される場所）までの間で定義される。

　・FTRで指定された電力投入地点と電力引出地点との間で送電システムに混雑が発生している時間毎に、FTRの所有者には市場参加者から徴収された混雑料の一部相当部分が与えられる。」

　FTRは、ISO、RTOが徴収した「混雑料」を「ファーム」のPoint-to-Point送電サービスの送電顧客に還元する仕組みである。混雑が発生している区間、時間に限って発生する「混雑料」を何らかの方法で当該混雑料を払った当事者に還元するもので、当事者はFTRの権利を付与されることになる。混雑に伴って発生するNode価格差により生ずるCongestion-rent（al）は、「ファーム」のPoint-to-Point送電サービスのみならず、ネットワークサービスの場合にも発生しているので、一般にFTRとして還元可能なISO、RTOの財源は、「ファーム」のPoint-to-Point送電サービスのリスクヘッジに必要な金額よりも大きくなる傾向があり、ISO、RTOの財政的な重荷とはならない。ネットワークサービスの場合は供給側の発電施設が特定されないの

で、FTR の還元がし難い構造となっているが、ISO、RTO によっては、ネットワーク顧客のために「みなし発電施設」を設定してネットワーク顧客にも一部 FTR の権利を付与するところもある。

　なお、PJM の解説で「前日市場の混雑料金の差により生じる送電混雑料金」という持って回った説明をしているのは、PJM では 1 万以上ある Node の中に基準点としての Node を決め、基準点との Node 価格の差を「混雑料」として表示することを行っている。したがって、基準点ではない任意の A － Node と B － Node の間の混雑料は、（A － Node の混雑料）－（B － Node の混雑料）の形で算出されることになる。このため「混雑料の差」という説明をしているわけである。これは、米国のガスグリッドで価格の基準点としてヘンリーハブの Node 価格を設定し、他の Node の価格はヘンリーハブとの価格差（混雑料）で示すのと同様であろう。

　次に、FERC の FTR の解説を以下に示す。
◎「Financial Transmission Rights」… FERC の解説
「・FTR は、市場参加者に、前日市場における送電混雑コストに対するヘッジを与える契約。
　・グリッド上の特定の経路上の送電混雑から生じるコストから保有者を保護する。
　・FTR は過去の使用状況に基づいて RTO の需要側事業体、または Firm 送電契約者、及び特定の新しい送電設備の建設に資金を提供する事業体等に割り当てられている。プログラムの詳細は RTO によって異なる。
　・ポイント A からポイント B へのパスで FTR 保有者は Input と Output の混雑価格の差額を支払われ、それによって、前日市場で発生する混雑コストからヘッジすることができる。
　・FTR は割当により、または、RTO が管理するオークションまたは流通市場で入手できる。」

FTRの権利の付与の方法は、RTOによって様々であるが、多くの場合は、「ファーム」のPoint-to-Point送電サービスの当事者に送電の量に応じて最初に権利が割り振られている。権利を割り振られた当事者は、それを自己のリスクヘッジに用いても良いし、FTR市場で売却しても良いことになっている。

第 **3** 章

米国のISOは
どのような
オペレーションを
行っているのか

米国の ISO 等は、FERC の定めた規則に従って、それぞれに運用
方法を定め、送電管理を行っている。ISO 等により、微妙に細部の運
営方法は異なるが、第 2 章に示した FERC の解説に見られるように
基本的な構造は概ね同じようなものとなっている。各 ISO 等は、更
に具体的なオペレーションの方法をマニュアルとして取りまとめ、公開
している。こられのマニュアルは、送電線のユーザーや ISO 等の職
員の理解を深めるために作られているものであろう。

　ISO 等のマニュアルは、分野別に細かく分類され、多数のマニュア
ルが公開されている。分類の方法や各分野の名称は、ISO 等らによっ
て微妙に異なり、記述の精粗や分かり易さも ISO 等によって異なるが、
大きく区分するとどの ISO 等のマニュアルも、「送電サービスのマニュ
アル」「前日市場対応のマニュアル」「当日市場対応のマニュアル」「ア
ンシラリーサービスのマニュアル」「緊急時のマニュアル」「定期点検
等に関するマニュアル」「通信に関するマニュアル」「FTR に関する
マニュアル」「キャパシティに関するマニュアル」等から構成されて
いる。本章においては、これらのうち、主要なものについて解説する
こととしたい。

　多数の ISO 等の公開しているマニュアルの中でどの ISO 等のもの
を解説するかということについては種々の選択肢があるが、ISO 等や
マニュアルの種類により、いわゆる「操作マニュアル」のようなもの
から「ユーザー向け解説書」のようなものまで、マニュアルの書きか
たは多様である。また、そのボリュームも多様である。ただし、内容
を見ると ISO 等が異なっていても同分野については基本的にはほぼ
同趣旨のことが書かれていると思われる。

　本章では、マニュアルの分担する部分の「管理の基本的な考え方」
が記述されており、「ユーザー向け解説書」として比較的に分かり易
く簡潔にまとめられているニューヨーク ISO（NYISO）の公開して
いるマニュアルを中心に解説する。FTR のマニュアルに関しては、
PJM のマニュアルが比較的分かり易かったので PJM のマニュアルを

中心に解説を加えることとした。但し、FTR については、「送電サービスのマニュアル」「前日市場対応のマニュアル」「当日市場対応のマニュアル」「アンシラリーサービスのマニュアル」などと異なり、ISO 等により、制度の内容にかなり相違がある。NYISO と PJM との間でも FTR の基本的考え方は同様であっても、管理の方法には相違が認められるので、この点には十分に留意が必要である。

　NYISO の公開している送電管理に関するマニュアルは、以下の通りである。この他に、送電系統配置に関するマニュアル、送電計画策定や需要予測に関するマニュアル、会計処理に関するマニュアルなどが公開されている。

- ・Ancillary Services Manual
- ・Day Ahead Demand Response Program Manual
- ・Day Ahead Scheduling Manual
- ・Direct Communications Manual
- ・Emergency Demand Response Program Manual
- ・Emergency Operations Manual
- ・Installed Capacity Manual
- ・Outage Scheduling Manual
- ・Reference Level Manual
- ・Reliability Compliance and Enforcement Manual
- ・System Protection Manual
- ・Transmission & Dispatch Operations Manual
- ・Transmission Congestion Contracts Manual
- ・Transmission Services Manual

　ISO の行っている基本的な送電サービスについてまず理解することが重要であるので、本章では、まず「サービスマニュアル」の代表例として NYISO の「Transmission Services Manual」について解説する。この際に必要に応じて、「Market Participant User's Guide」によりユー

ザーの入力情報等について参照することとしたい。また、前章で解説したように、送電管理の基本的な構成要素は、「前日市場管理」「当日市場管理」で、「市場システム」や「アンシラリーサービス」の管理は、これらの解説に伴い必要に応じて解説することとしたい。「前日市場管理」に関しては、NYISO の「Day Ahead Scheduling Manual」を、「当日市場管理」に関しては、NYISO の「Transmission & Dispatch Operations Manual」を用いて、解説していく。

　FTR に関しては、NYISO では、「Transmission Congestion Contracts Manual」が、FTR に関するマニュアルということになるが、NYISO の場合、FTR の付与の仕方が複雑なので、より簡潔な方法を取っている PJM の「FTR Manual」を用いて解説を試みることとしたい。

第1節

どのようなサービスを
行っているのか

−NYISO Transmission Services Manual
（2005年2月1日版）の解説

　本節では、ニューヨーク州のISO（New York Independent System Operator：NYISO）が定めている送電サービスマニュアルについて解説する。

3.1.1　概　　要

　本項では、ニューヨーク州の送電システムとNYISOの管轄下にある施設が示されている。

（1）ニューヨーク州の送電システム

　ニューヨーク州の送電システムは面積にして約12万km²をカバーしており、システムの基幹部は345kVで運用されている。ニューヨーク州の送電システムは「NYISOの運用管理下にある設備」「NYISOへの通知が必要な設備」「その他の設備」の3種類から構成されている。

　ただし、ニューヨーク州における送電設備による送電サービスは全てNYISOを通じて提供されることとされている。また、NYISOの料金体系に従い、あらゆる送電設備について差別のない公平なアクセスが提供されることが定められている。仮に市場参加者が設備につい

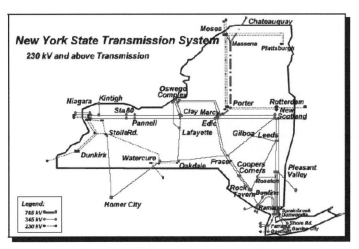

Figure1.1-1: NYS Transmission System - Backbone

図3−1　ニューヨーク州の送電システム

て公平なアクセスが提供されていないと認識した場合、市場の監視を担う NYISO、または、直接、連邦エネルギー規制委員会（Federal Energy Regulatory Commission：FERC）に救済を申し立てることもできる。

解説　ニューヨーク州の送電システムは「NYISO の運用管理下にある設備」「NYISO への通知が必要な設備」「その他の設備」の３種類あり、後に解説されるように NYISO が直接コントロールする施設と送電線所有者（Transmission Owner：TO）に通常は管理を任せており、特別の状況の変化があった場合のみ、一定のルールで NYISO に通知をすればよい施設とに分類されている。しかしながら、これらの全ての送電施設は、NYISO のサービスを通じて利用されることになっており、TO が独自にサービスを提供することはない。なお、TO は、かつての垂直統合の電気事業者であることが多い。

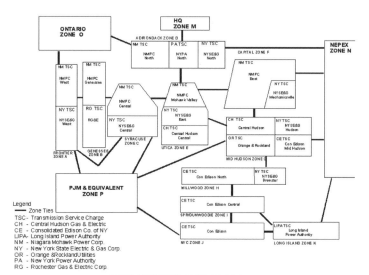

Figure1.1-2: Transmission Service Areas

図3−2　ニューヨーク州の送電システムエリア

　NYISO の管轄下となるニューヨーク州のコントロールエリア（NYCA）は 11 のゾーンに区分されており、各ゾーンはさらにサブゾーンに区分され、サブゾーンの数は合計 23 ある。また、コントロールエリア外の四つのゾーンが地点別限界価格による価格付け（Locational Marginal Pricing：LMP）による価格計算に用いられている。

　解説　詳しくは、後段で説明されるが、NYCA の外側には、隣接の ISO 等の管理地域が四つあり、その管理区域との境界点を一つのノードとしてノード価格が計算される。ゾーンの境界は、一般に送電制約（混雑断面）や送電設備所有者の境界線で区切られている。

(2) NYISOの運営管理と通知

　NYISOがニューヨーク州における全ての送電設備を運営している
わけではない。NYISOは、NYISOの管理下にある送電設備につい
て、信頼性規則（Reliability Rules）に規定された状態に維持するため、
運営に関して指示を行う。特に重要な送電設備についてはNYISO自
ら運営しているが、NYISOへの通知が必要な送電設備については状
態に変化があれば運営者からNYISOに通知することとなっている（通
知のプロセスについてはNYISO Outage Scheduling Manualを参照）。
また、NYISOはTOが行う決定について、その決定が実行に移され
る前に報告を受け、承認することとなっている。この他、NYISOは
TOに対し、設備を通常の状態に復旧させるために必要な特定の行動
をとるよう指示することもある。運営管理には、安全監視、発電や送
電リソースの調整、メンテナンスのための送電設備の状態変更に関す
る調整や承認、信頼性に関わる送電設備の状態変更、他のコントロー
ルエリアとの調整、電圧低下や負荷制限といった業務が含まれる。こ
うした業務の他に、各送電設備所有者は自らの設備について物理的な
運営や維持管理を行うこととされている。

3.1.2　送電サービスの種類

　本項ではNYISO Open Access Transmission Tariff（OATT）の下
で利用可能な送電サービスの種別が示されている。全ての顧客（送電
網利用者）は、州の送電システムを維持するために必要な費用をカバー
するための料金を支払う。この料金は送電サービス料金（Transmission
Service Charge：TSC）と呼ばれ、既存の合意に基づいて運営して
いる一部の顧客を除き、全ての顧客に適用される。また、取引に際
して送電混雑が生じる場合には、その限界費用を反映した混雑料金
の支払いが必要となる。相対取引を行う顧客は送電利用料金（TUC：

Transmission Usage Charge）を通じて混雑料金を支払う。市場を通じて電力を取引する顧客は LMP による電力価格の一部として混雑料金を負担することとなる。

> **解説** 第2章で解説したように、送電混雑が生じると LMP の価格差が生じ、これが混雑料金となる。相対取引の場合には、TUC の中に混雑料が含まれ、電力市場から購入する顧客は、電力の取り出し地点の LMP 自体が、既に混雑料を反映したものとなっていることになる。

（1）Point-to-Point 送電サービス

Point-to-Point 送電サービスは、特定の電力投入点（POR）（単一または複数）でエネルギーを送電網に投入し、特定の電力引出点（POD）（単一または複数）で送電網からエネルギーを引き出すためのサービスである。Point-to-Point 送電サービスにはファーム（Firm）とノン・ファーム（Non-Firm）が存在する。

ファームの Point-to-Point 送電サービスは、送電顧客が混雑により発生する Congestion Rent（混雑料）の支払いを受け入れる送電サービスであり、ノン・ファームの Point-to-Point 送電サービスは、Congestion Rent（混雑料）の支払いを受けいれない送電サービスである。

通常、混雑料金は同じ地点間であっても変動するが、Point-to-Point 送電サービスで利用する電力投入点と電力引出点について送電混雑契約（TCCs：Transmission Congestion Contracts）を結ぶことで、混雑料金を固定することもできる。

> **解説** 「Point-to-Point」という言葉をここで敢えて用いているのは、米国の電力改革の基本となる新たな考え方が、この

「Point-to-Point」という言葉の中に含まれているからである。日本で、相対契約に伴い送電線を確保する場合には、米国流に表現すると「Contract Pass」として送電ルートを特定して、新規契約者にその送電線の空キャパシティを割り振るということが行われているが、米国の改革では、「Contract Pass」を人為的に固定的に設定すること自体が、物理学的に意味がないとしている。潮流は、需給の地理的、時間的な変化に応じ常に変化し、複数ある送電ルートをどのような割合で潮流が通るかということも常に変化しているからである。そこで、米国の電力改革に当たっては、「Contract Pass」という概念を一切排除し、送電ルートは、時々刻々の潮流計算の結果をそのまま受け入れるという方法が導入された。「Point-to-Point」という言葉は、ハーバード大学のホーガン教授等が主張した用語で、「送電ルートを特定せずに POR と POD という二つの点だけを指定して送電契約する」ということを明示したものである。

　なお、送電混雑契約（TCCs：Transmission Congestion Contracts）については、本章第4節で詳細に解説している。

1) ファームの Point-to-Point 送電サービス

　ファームの Point-to-Point 送電サービスは、混雑料金を含みうる TUC の支払いを予め承諾する代わりに、確実に、対象とした地点間における送電サービスを利用することができるようになるものである。

　ファームの Point-to-Point 送電サービスを利用する場合、送電サービスの顧客は実需要の75分前までに送電計画を NYISO に提出しなくてはならない。75分前以降に提出された送電計画はリアルタイム需給計画に反映されない。また、送電計画は1,000kWh／時単位で提出しなくてはならない。送電サービスの顧客、供給主体、需要主体のいずれかが送電計画を更新したり破棄したりする場合には、NYISO

に対してリアルタイム市場の閉場前に通知する必要がある。また、NYISO はその通知に基づいて送電サービスの計画を調整する権利を持つ。

　ファームの Point-to-Point 送電サービスを利用する送電サービスの顧客は、電力投入点や電力引出点を変更し、ノン・ファームの Point-to-Point 送電サービスに切り替えたり、ファームの Point-to-Point 送電サービスを新たに求めたりすることもできる。また、送電サービスの顧客が複数の発電所からの電力を販売しようとする場合は、発電所が同じ地点に存在する場合を除き、複数の投入点を指定して送電サービスを購入する必要がある。

　ファームの Point-to-Point 送電サービスを利用する顧客は再給電指令（Re-dispatch）に関するコストを負担することになる。システムの安定的な運営を維持するために、ニューヨーク州の送電システムにおいて出力抑制が必要な場合には、送電制約を効率的に解消するという観点から公平に出力抑制が実施される。複数の取引に跨る負荷遮断が必要な場合には、NYISO はファームの Point-to-Point 送電サービスを利用している送電サービスの顧客やネットワーク顧客の間で実行可能な範囲で適切・良心的に出力抑制の量を配分する。あらゆる出力抑制は無差別に行われるが、ノン・ファームの Point-to-Point 送電サービスはファームの Point-to-Point 送電サービスよりも先に出力抑制が実施される。

　解説　再給電指令（Re-dispatch）と出力抑制の関係について説明すると以下の通りとなる。送電混雑が発生したときに、ISO 等は、混雑区間の発電地域側の発電所の出力を抑制し、需要地側に立地する発電所の出力を同量増加するという再給電指令（Re-dispatch）の操作を行うことになる。このときに発電地域に立地する発電施設の側から見ると出力抑制が課されるということになる。ファームの相対契約に伴う Point-to-Point 送電の場合であっ

ても、混雑が発生すれば POR に電力投入する発電施設には、出力抑制の命令が、出力抑制に関する一般的なルールに従って出されることになる。

2) ノン・ファームの Point-to-Point 送電サービス

ノン・ファームの Point-to-Point 送電サービスは、混雑料金の支払いを行わない代わりに、投入点と引出点で混雑がない場合にのみ利用可能な送電サービスである。あらゆる場面で、ファームの送電サービスがノン・ファームの送電サービスに対して優先される。

ノン・ファームの取引が送電計画された後に送電混雑が生じることが分かると、送電サービスは抑制されるか、破棄される。その場合、発電事業者が別の選択を行わない限り、相対契約に相当する発電 Offer は、自動的にリアルタイム市場におけるマイナスの発電 Offer として取り扱われる。需要が州内に位置する場合は、需要側は LMP 市場からの供給を受けるか、価格に応じて入札量の変動する価格変動型の需要 Bid として自動的に需要を抑制することとなる。需要が州外に位置する場合、すなわちノン・ファームの取引が州内を通過する取引または州外への移出取引である場合、需要側が自ら供給の代替先を確保しなくてはならない。

前日需給計画の段階で、混雑が理由でノン・ファームの送電サービスを利用できないことが判明した顧客は、実需給の 75 分前までであればファームの Point-to-Point 送電サービスへと取引の種別を変更し、取引に伴う混雑料金を支払うことで、確実に送電サービスを受けることもできる。

NYISO は緊急時や、その他の予期せぬ事態によってニューヨーク州の送電システムの安定性が損なわれうる場合に、ノン・ファームの Point-to-Point 送電サービスの一部ないし全部を抑制する権利を有する。また、NYISO は、ニューヨーク州の送電システムにおいて混雑が生じた際、経済的な理由からノン・ファームの Point-to-Point 送電

サービスの一部ないし全部を中断する権利を有する。必要とされる場合、抑制や中断は混雑を効率的に解消するため公平に実施されるが、NYISO は可能な限り、抑制や中断について事前に通知する。

> **解説** 混雑料の支払いに応じないということは、混雑時に再給電指令（Re-dispatch）に伴う、LMP 価格の差を受け入れないということなので、当然、再給電指令（Re-dispatch）による振替送電は行われず、その分の電力は、一方的に出力抑制されることになる。相対契約の需要側では、別途、リアルタイム市場で電力を調達するか、その分需要抑制することになる。
> 　米国のノン・ファームの取り扱いは、送電契約についてなされるものであり、発電施設の接続に際して行われるものではない。また、何時でも実送電前であれば、ファームに切り替えが可能である。発電施設の接続の段階でノン・ファームの選択を固定するような方法は、米国では公平性の観点から厳格に禁止されている。

3) サービスの利用可能性

NYISO はファームやノン・ファームの Point-to-Point 送電サービスを、NYISO と送電設備所有者との合意によって定められた送電設備について、NYISO OATT で定められた契約条件を満たす全ての送電顧客に対して提供する。

Point-to-Point 送電サービスの最小単位は 1 時間で、最大単位はサービスに関する合意で特定される。前日市場における全ての Point-to-Point 送電サービスに関する計画は、実需給の前日午前 5 時までに NYISO に提出しなくてはならない。また、計画は 1,000kWh 単位でなくてはならない。ただし、複数の電力投入点でそれぞれ 1,000kWh 未満である場合でも、これらを合算し、共通の投入点にまとめて 1,000kWh 単位の計画とすることができる。NYISO は需要家側が調整したスケジュールに従って、供給側の 1 時間単位での計画を調整す

る。送電顧客、供給主体、需要主体のいずれも、計画に何らかの変更を加えた場合はリアルタイム市場の閉場前に NYISO に通知する必要がある。NYISO は通知に応じて投入、引出される容量やエネルギーを調整する権利を持つ。

　全ての送電顧客の Point-to-Point 送電サービスに関する実需給時点におけるスケジュールは、実需給の 75 分前以前に NYISO に提出しなくてはならない。実需給の 75 分前以降に提出された計画は実需給時点における計画に反映されない。また、計画は 1,000kWh 単位で行わなくてはならない。NYISO は可能であれば、需要家側が調整したスケジュールに従って、供給側の 1 時間単位での計画を調整する。送電顧客、供給主体、需要主体のいずれも、計画に何らかの変更を加えた場合は、直ちに、リアルタイム市場の閉場前に NYISO に通知する必要がある。NYISO は通知に応じて投入、引出される容量やエネルギーを調整する権利を持つ。

　NYISO は管理下にある資源を SCUC や RTD を活用して Re-dispatch（再給電指令）することで、継続的に需要を満たすことによりファームの Point-to-Point 送電サービスを提供する。また、NYISO は送電容量に関する情報を継続的に市場の情報システムに提供していく。

解説　Point-to-Point 送電サービスは、1,000kwh 単位で取り扱われるが、複数の電力投入点を用いる場合は、その合計が 1,000kwh を以上であれば良いことになっている。Point-to-Point 送電サービスは、NYISO では、実需給の 75 分前までに提出される必要がある。また、ファームの Point-to-Point 送電サービスについては、Re-dispatch により振替送電されるので、途切れることなく需要は満たされる。

（2）ネットワーク統合送電サービス

NYISO はニューヨーク州の送電システムにおいて、ファームの送電サービスをネットワーク顧客に提供する。ネットワーク顧客は、ネットワーク用の電源として想定されているところから垂直統合電気事業者が顧客に電力を供給するのと同様の方法によるエネルギー供給によりネットワーク需要を満たす。また、ネットワーク顧客はニューヨーク州の送電システムを活用して、ネットワーク電源として特定されていないリソースによってネットワーク需要を満たしてもよい。このようなエネルギーは、可能な場合（非ネットワークリソースとネットワーク需要の間で混雑が生じていない場合）に、追加的な費用なし輸送される。

> **解説** ネットワーク顧客というのは、基本的には、相対契約により独自に電源を調達するような送電線の利用ではなくて、配電事業者や大口の需要家などのように電力市場から電力を購入する顧客のことで、ISO が経済的発電指令で割り振った電源をそのまま受け入れるものである。ネットワーク顧客の購入する電力は、電力の引出地点の LMP で価格が決まるので、自動的に混雑料が反映されるので、ファームの契約ということになる。

1）ネットワークサービスの性質

ネットワーク統合送電サービスは、ネットワーク顧客が、自らが抱えるニューヨーク州内あるいはその他特定の需要を満たすために、効率的に、また経済的に電力資源を利用することを可能にするサービスである。ネットワーク統合送電サービスを利用するネットワーク顧客は、アンシラリーサービスを自ら受け、または、その顧客に提供する必要がある。

ネットワーク統合送電サービスは、ネットワーク顧客が求めるサー

ビスに関する混雑料金の支払いに同意した場合に提供される。ネット
ワーク顧客は特定のネットワークリソースやネットワーク需要に関し
て送電混雑契約（TCC）を結ぶことで、ネットワーク統合送電サー
ビスの価格を固定することができる。ネットワーク統合送電サービス
により、ネットワーク顧客は、垂直統合電気事業者が顧客に電力を供
給するのと同じように自らが抱えるネットワーク顧客に、経済的に電
力を供給することができる。

> **解説** TCC については、本章第4節で説明するが、電力卸売価
> 格の変動を固定化するリスクヘッジの手法である。TCC により、
> 電力卸売価格は常に一定の額に固定されることになる。

2）ネットワークサービスの利用可用性

NYISO はあらゆる適格な顧客に対してネットワーク統合送電サー
ビスを提供する。適格な顧客は以下の条件を満たす必要がある。

・サービスに対する申し込み
・NYISO や送電設備所有者の技術要件への適合
・NYISO とのネットワーク運用合意の履行
　等

　適格な顧客でサービスを必要とする場合は、サービスが必要とな
る月の前月までに NYISO に申し込みを行う必要がある。申込みは
NYISO の市場情報システムを通じて行う。

3.1.3 利用資格と通信（Eligibility & Communications）

本項では、市場参加者の資格とコミュニケーションに関する要件が示されている。

（1）NYISO サービスの利用資格

・適格顧客
・供給者・送電顧客
・Load Serving Entities（LSEs）

送電サービスやアンシラリーサービスのスケジュールの提出、本マニュアル第5章に記載されている TCC オークションでの送電混雑契約（TCC）を購入、TCC の直接購入、LMP 市場でのアンシラリーサービスやエネルギーの購入・販売を行うには、顧客は上記の3点の適格要件を満たさなければならない。

1）適格顧客（Eligible Customers）

州の規制や送電サービスを受けるための要件を満たす場合に限り適格と判断される。

・信用度：送電顧客の信用調査について記述
・相互主義：全ての適格顧客は、州内、州間、国外の取引に同意するものとする
・提供：相互主義に反するオペレーションは行わない
・必要技術要件：適格顧客は、業務運営、財務、決済の全ての機能を実行できること

2）供給者・送電顧客

前記の内容に加え、供給者・送電顧客は NYISO と取引を行う前に、次項で提示される通信に関する要件や、NYISO が定める測定要件を

満たす必要がある。

3）Load Serving Entities（LSEs）

以上の内容に加え、各 LSE は NYISO との取引を行う前に下記の要件を満たす必要がある。

- ・LSE が対象とするサービスエリアにおいて、送電設備所有者がニューヨーク州の公益事業委員会（Public Service Commission：PSC）に提出している小売アクセス計画に定められた全ての要件
- ・ニューヨーク州が定める、電力小売に必要な許認可やその他の要件
- ・LSE は、各時間単位（1 時間）において、一つの電力投入点と一つの電力引出点の組み合わせ当たり 1 MWh 以上、または、一つの LMP 市場からの 1 MWh 以上の電力の購入を行う必要がある。

解説 NYISO の利用は、技術要件を満たし、一定の信用のある顧客には広く開放されている。米国の電力改革の本旨に沿って、既存顧客と新規顧客で異なる参入条件を設けるようなことはしていない。

Load Serving Entities（LSEs）というのは、電力小売業者等の需要を取りまとめて電力市場から電力を購入する事業者のこと。LSE の取引単位は、相対契約、LMP 市場からの調達いずれにしても、一つの Point 当たり、1 MWh 以上とされている。

（2）通信に関する要件

NYISO には、下記の 2 種類の異なる通信要件がある。

1）運用と信頼性に必要なコミュニケーションと計測に関する要件

NYISO は NYISO とニューヨーク州の制御エリアに存在する TO や、接続する全ての隣接した制御エリアの運営を担う主体との間で、通信や計測を行う設備を取り決め、適切に動作するよう維持する。こ

うした設備には、データ回線や音声回線、計測機器など、信頼性の高い通信網を維持するために必要と認めるあらゆる設備が含まれる。NYISO はそうした設備の特定、導入、維持管理に責任を持つ。詳細については NYISO コントロールセンター要件マニュアル（NYISO Control Center Requirements Manual）に記載されている。

　NYISO と、隣接する制御エリアの運営を担う主体との間での通信設備にかかる総費用は、関係する二者が共同で負担する。隣接する制御エリアとの間での通信設備にかかる費用のうち NYISO 負担分と、NYISO と TO の間での通信設備にかかる総費用の合計は、適格顧客から、スケジューリング・システム制御・給電アンシラリーサービス料金（NYISO OATT －料金スケジュール 1）を通じて回収される。

　発電所、発電事業者、需要家は運用や信頼度に関する特定のデータについて、該当する NYISO の運用や信頼度に関わる要件や、送電設備所有者との接続に関するあらゆる要件に従って、NYISO とやりとりする必要がある。

　さらに、リアルタイムでの給電や調整力サービス市場への参加を希望する発電事業者は、NYISO からの指令や制御を受けるための体制を整備する必要がある。こうした機能を、既に TO を通じて提供している発電事業者や小売事業者は、引き続きそのようにしても構わない。これらの機能を持とうとする主体は、接続先の TO とサービスの提供を受けるための契約を結び、TO が定めるデータやその他の技術的要件を満たさなくてはならない。

　複数の発電機を同一の地点に接続する発電事業者は、NYISO に対し、入札等に際してこれらの発電機を一体のものとして NYISO に対して対応しなければならない。NYISO は、これらの一群の発電機をあたかも一つの発電ユニットのように給電システムで取り扱い、これらの一群の発電機に対して一つの発電指令・抑制指令を出してコントロールする。もし、発電事業者が発電機を個別に運用したい場合は、入札やデータに関するインターフェースを全て個別運用に合わせた設

定としなくてはならない。同様の制御、入札に関する一体的運用は、制限はLSEにも適用される。

> **解説** 日本でも一つの発電所内に複数の発電系列を持つのが普通であるが、このような場合には、これらの複数の発電施設を、NYISOは全体として一つの発電施設として一つの発電指令で運用し、発電系列毎に発電指令を分けて出すことはしないということが原則となっている。これは、需要側に対しても同様で、一つの需要点から一つのLSEが電力を引き出す場合には、ISOは、一つの需要として取り扱うということになる。つまり、LSEは需要のアグリゲーターとしてISOに対して需給マッチングの責任を持つドイツでいうところのBRP（Barancing Responsible Party）的な性格を持たされていることが分かる。

2）市場参加者に対するコミュニケーション要件

適格顧客はNYISOの入札掲示システムにアクセスすることができる。このインターフェース上で取得可能な情報はNYISO市場参加者ガイドに記述される。

3.1.4　送電サービス料金(Transmission Service Rates and Charges)

本項では送電サービスに関する料金についての基本的な考え方が示されている。実際の料金算定方法については別途、NYISO会計・請求マニュアル（NYISO Accounting & Billing Manual）で詳述されている。

（1）送電利用料金

送電顧客は送電利用料金（Transmission Usage Charge：TUC）を

支払う。TUCは送電混雑等によるロスをカバーするためのものとなっている。各顧客のTUCは下記の計算式によって算定される。

　TUC＝（電力引出点でのLMP−電力投入点でのLMP）〔$/MWh〕
×（計画または実供給電力量）〔MWh〕

1）TUCの構成要素

　NYISOが承認した相対での取引に対しては、月毎にTUCが課される。TUCは前日計画に基づく料金と、前日計画確定後のリアルタイム計画における調整や取引に基づく料金とで構成される。こうして算定されたTUCはニューヨーク州内に対する供給だけでなく、州外への移出や、州内を通過するだけの取引にも適用される。

2）前日TUC

　NYISOは前日市場におけるLMPに基づいて、1時間毎に前日TUC単価を算定する。こうして算定された前日TUC単価と、各引出点や投入点において計画された引出量や投入量（MWh）によってTUCを課す。

3）リアルタイムTUC

　NYISOはリアルタイムでの給電状況（5分単位）やLMPに基づいて、1時間毎のリアルタイムTUCを算定する。こうして算定されたTUCは前日までの計画以降、追加的に生じた取引や調整に対して課されることとなる。

4）送電による損失の取り扱い

　各顧客はNYISOの料金体系に従って限界損失に関わる費用を支払う必要がある。

5）卸売送電サービス料金

　送電サービス料金（Transmission Service Charge：TSC）はTOが送電設備を維持していくために必要な収益を担保するものである。各TOは以下に示す方法でTSCを毎月算定しなくてはならない。

6）卸売顧客への適用範囲

TSC はニューヨーク州内での供給の他に、ニューヨーク州から他の制御エリアへの送電や、他の制御エリアからニューヨーク州への送電、ニューヨーク州を介した送電に適用されるが、ニューヨーク州の公益事業委員会が認めた場合等、一部例外が存在する。

7）算定プロセス

卸売 TSC は下記の計算式によって算定される。

$$卸売\ TSC = \{(RR \div 12) + (CCC \div 12) - SR - ECR - CRR - WR\} \div (BU \div 12)$$

RR：年間で必要な送電に関する収益（$、TO がデータ提供）
CCC：TO がスケジューリングやシステム制御、給電を行うために年間で必要な費用（$、TO がデータ提供）
SR：送電混雑契約の販売による収入（$、TO がデータ提供）
ECR：超過混雑料金（混雑インバランス）（$、NYISO がデータ提供）
CRR：TO が、予め配分された送電混雑契約や既存の送電合意に基づいて得た収益（$、TO がデータ提供）

表3−1　Wholesale TSC算定式

WHOLESALE TSC＝{(RR÷12)＋(CCC÷12)−SR−ECR−CRR−WR}／(BU÷12)

変数名	変数内容	データ提供者
RR	年間で必要な送電収入（$）	TO
CCC	各TOに関する、年間の、計画・システム制御・給電にかかる費用（$）	TO
SR	送電混雑契約（Transmission Congestion Contract）に基づく売上（$）	TO
ECR	超過混雑料金（混雑料金インバランス）（$）	NYISO
CRR	TOがグランドファザリングにより配分された送電混雑契約に基づいて受けた支払いと、既存の送電合意に基づいてグランドファザリングされた権利に由来する収入（$）	TO

| WR | NYISOエリア通過分に関する収入（$） | TO |
| BU | TOの管轄エリアにおける料金算定対象電力量（MWh） | TO |

WR：州内の通過による収益（$、TO がデータ提供）
BU：TO の請求単位（MWh、TO がデータ提供）

　こうして算定された TSC は対象となる取引について、実際の需給
に基づき各顧客に課金されるが、州内を通過する取引や州外への移輸
出については計画された送電量に基づいて課金される。また、TSC
は OASIS（Open Access Same-Time Information System）を通じて
毎月公表される。

8）データの提出と公表
　上記の通り TSC を算定するため、NYISO と TO は下記のスケジュー
ルでデータのやり取りと公表を行う。まず、NYISO から e-メールで
月初に TO に対し、TSC 算定に必要な情報を提出するよう要請が行
われる。また、NYISO は月初の 5 営業日以内に各 TO に対し、混雑
やインバランスに関するデータを提供する。これを受けて TO は毎月
14 日までに TSC を更新し、NYISO に提出する。こうして提出され
た毎月の TSC 料金単価は NYISO のウェブサイトで公表されており、
翌月に適用される TSC は毎月 15 日までに OASIS でも公表される。

9）算定情報
　RR, CCC, BU 等、TSC 算定に必要なデータの算出方法は別途、
NYISO OATT 付録 H に詳述されている。

10）小売アクセス顧客
　ニューヨーク州公益事業委員会の認可を受けた小売アクセスプログ
ラムを提供している送電設備所有者は小売アクセス TSC を支払わな
くてはならない。

11）ニューヨーク州電力公社
（New York Power Authority：NYPA）
　NYPA に直接接続されている需要家（レイノルズ・メタルズ、GM
－マシーナ、マセナ町、プラッツバーグ市に立地する需要家が該
当）に対する TSC は上記とは別に例外的に算定される（算定方法

は NYISO OATT 付録 H に記載)。NYPA は TSC の更新にあたって NYISO と連携する。

12) 請　求

卸売送電顧客は TO に TSC を毎月支払う。取引の種別に、請求される TSC は以下のように算出される。

・NYISO エリア内での送電分：需要が立地するエリアの TSC × その地点で引き出した実電力量
・NYISO エリア内から、エリア外との接続点までの送電分・NYISO エリア外との接続点から、別の NYISO エリア外との接続点までの送電分：接続点が立地するエリアの TSC × 計画送電量（シフトファクター分析により、実潮流が複数の TO エリアから NYISO 管外へ生じていると判明した場合はフローベースの電力量）
・NYISO エリアから、NYPA の送配電網エリアへの送電分：NYPA の TSC × 引き出した実電力量
・NYISO から、新たな電力公社、電力協同組合、卸売需要家への送電分：立地点が属するエリアの TSC × NYISO が管理する送電網から引き出した実電力量

13) 割　引

TO は特定の時間帯について、NYISO 管内と他のエリア間での送電について割引を提案することができる。割引を実施する場合は全ての顧客に伝わるよう NYISO の OASIS で公表しなくてはならない。また、割引は条件を満たす全ての顧客に対し、同じ期間だけ適用される。

14) ピーク・オフピークの割引

TO は TSC 単価をピーク、オフピークのそれぞれについて割り引くことができる。ピークは北米電力頼度協議会（North American Electric Reliability Corporation：NERC）が定める祝日等を除く月曜日から金曜日の 7：00 から 23：00 で、オフピークはそれ以外の時間帯を指す。

15）TSC の推計

NYISO 管外への送電や、NYISO 管内を介する送電にかかる TSC ついては NYISO ウェブサイトで公表されている情報を基に推計することができる。

16）NYPA 送電調整料金

NYPA は自らの TSC のみで必要な収入を得られない場合、不足分を NYPA 送電調整料金（NYPA Transmission Adjustment Charge：NTAC）によって回収することが可能となっている。NTAC は NYISO 管内の全ての送電サービスに等しく適用され、毎月 15 日までに翌月分の NTAC が OASIS で公表される。料金は NTAC × 当月の料金算定対象電力量により算出される。

17）座礁費用

NYPA 以外の TO は FERC のオーダー 888 に基づき、座礁費用（Strandable Cost）を回収することが可能となっている。NYISO は座礁投資回収料金（Stranded Investment Recovery Charge：SIRC）を顧客から回収し、TO に供与する[1]。

18）アンシラリーサービス

以下のアンシラリーサービスが NYISO の OATT やサービス料金で特定されている。

①計画・システム制御・給電サービス

②電圧補助サービス

③エネルギーインバランスサービス

④ブラックスタート能力サービス

⑤周波数調整サービス

⑥運用予備力サービス

上記のうち、①〜④については NYISO から購入する必要があり、

1）FERCによると、座礁費用の回収にあたっては、送電設備所有者側に座礁費用に関する詳細な立証責任があり、実際に回収を申請した事業者は全米でも存在しないとのことである。

⑤⑥については NYISO から購入する、その他の事業者から購入する、自社で供給する、のいずれかにより調達することが可能である。各アンシラリーサービスの内容については NYISO アンシラリーサービスマニュアル（NYISO Ancillary Services Manual）を参照されたい。

3.1.5　送電混雑契約（Transmission Congestion Contracts）

　訳者はしがき：3.1.5〜3.1.7項は、できる限り原文（Chapter 5〜7）に忠実に翻訳を行い、重要と思われる箇所に解説を付けた。

[**参考資料**]

NYISO Open Access Transmission Tariff（OATT），Volume 1, Attachments K, L, M, and N 及　び Attachment B, the NYISO Services Tariff

　送電混雑契約（Transmission Congestion Contracts：TCC）の費用算出方法の詳細は NYISO Accounting & Billing Manual を参照。現在の資格期間（Capability Period）の送電混雑契約オークションのルール、手続き、ガイドラインは NYISO のウェブサイト（http://www.nyiso.com/markets/tcc-info.html）に掲載される。TCC Market Manual を作成中であり、市場参加者の承認後、NYISO ウェブサイトに掲載予定である。

　解説　本項に該当する原文 Chapter5 は、上記の**参考資料**が記載されているのみである。ここでは翻訳ではなく解説として、TCC の概要を説明する。なお便宜的に TCC を金融的送電権（Financial Transmission Right：FTR）と呼ぶが、これは NYISO の TCC は PJM の FTR と同等の概念であるためと、本書第3章第4節の FTR の解説で、別の概念を示す用語として

Transmission Congestion Contacts という言葉が出てくるので、混乱を避けるための措置である。また、図表に TCC という表現があるが、FTR と読み替えていただきたい。

　なお、上記本文で言及されている NYISO のウェブサイト（http://www.nyiso.com/markets/tcc-info.html）のリンクは切れており、現在は以下リンク（https://www.nyiso.com/manuals-tech-bulletins-user-guides）に移行している。

FTR の概要

　FTR は送電線の混雑（以降「送電混雑」）によって地点別価格（Locational Marginal Price：LMP）に差が出ることのリスクを、金融的にヘッジするための手段である。まず送電混雑が発生した際に、LMP に差が出る仕組みを説明し、次に FTR が LMP の差をヘッジする仕組みを説明する。なお NYISO では地点別価格を Locational Based Marginal Pricing（LBMP）というが、LMP と同じ意味であるため、本章では LMP で統一する。また、図表に LBMP という表現があるが、LMP と読み替えていただきたい。

　最経済な電力システム運用を達成する上で、送電線の送電可能容量は制約条件となる。運用計画の中で送電線が送電可能容量に達すると（送電混雑）、異なるバスにつながる電源から電気を送る必要があるが、その結果 LMP が地点毎に異なってくる。**図3−3**はその例である。

　この例では 150MW の送電可能容量を持つ送電線が西ゾーン（West Zone）と東ゾーン（East Zone）をつないでいる。前日市場において、西ゾーンには Power Up（最大出力 310MW、入札価格 30 ドル）と Full Steam（350MW、40 ドル）の二つの電源があり、東ゾーンには Energy（100MW、25 ドル）と Lights On（350MW、35 ドル）の二つの電源がある。ある断面での西ゾーンの需要が 40MW、東ゾーンの需要が 360MW とする。送電線制約がないものとすると、西ゾーンと東ゾーンの総需要は 400MW なので、メリットオーダーに従えば

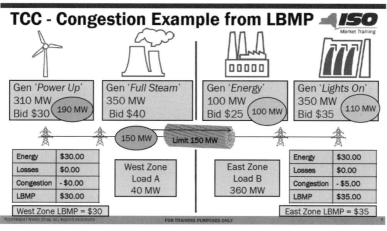

図3-3　前日市場における送電混雑の例

Energy を最大出力の 100MW、Power Up を出力 300MW で約定、約定価格は Power Up の入札価格である 30 ドルとなる。しかし、現実には西ゾーンと東ゾーンをつなぐ送電可能容量が 150MW であるため送電混雑が発生、Power up は 300MW ではなく 190MW で約定になり、東ゾーンでは Lights On が 110MW で約定される。その結果、西ゾーンのLMPはPower Upの入札価格である30ドルであるが、東ゾーンの LMP は Lights On の入札価格である 35 ドルとなる。簡単のためここでは送電ロスはゼロとしている。

　LMP を構成する要素は、LMP ＝電力要素（Energy）＋送電ロス要素（Loss）−混雑要素（Congestion）である。混雑要素が減算である理由は、NYISO では混雑要素を負の値で管理するルールがあるためである。

　上記の例では東ゾーンの LMP は送電混雑がなければ 30 ドルだが、送電混雑のため 35 ドルとなった。東ゾーン LMP の混雑要素は−5ドルが計上され、西ゾーンと東ゾーンの前日市場 LMP の混雑要素の差分 5 ドルを混雑料（Congestion Rent）と呼ぶ。

FTR は、上記の例で示したような、ゾーン毎に LMP に差が出る リスクを、金融的にヘッジするものである。言葉の定義として、「1 FTR」とは電力投入地点（Pint of Injection：POI）から電力引出地 点（Point of Withdrawal：POW）への送電する電力 1 MW のことで ある。よって FTR は方向性を持つ。また「FTR を保有する（FTR Holder になる）」とは、前日市場における混雑料を「回収する権利」 または「支払う義務」を持つことである。FTR の精算に当たっては、 以下の計算式を時間帯毎に行う。

[（− 1 ×前日市場 POW 混雑要素）−（− 1 ×前日市場 POI 混雑要素）] ×保持する FTR の数

図3−3の例で、仮にある電力小売事業者（Load Serving Entity： LSE）が前日市場で East Zone で 20MW の電力を落札（買電）し、 かつ West Zone から East Zone の方向に 20 FTR を保有していた場合、 買電に対する支払いは LMP 35 ドル× 20MW で 700 ドルの支出であ るが、FTR の精算は POW 混雑要素が− 5 ドル、POI 混雑要素が 0 ドルなので、5 ドル× 20 で 100 ドルの混雑料を回収できるため、トー タルの支出は 700 − 100 で 600 ドルとなる。（厳密には FTR 取得の コストを考慮する必要がある。） 　次に FTR の取得方法を説明する。

FTR の取得方法
FTR の取得方法は以下の通りが存在する。
　　①年間 2 回の中央オークションか、毎月の再調整 （Reconfiguration）オークション。
　　② FTR Holder による再販（Secondary Market）。
　　③送電線オーナーより直接購入。

①のオークションについて解説する。**図3−4**はオークションの概

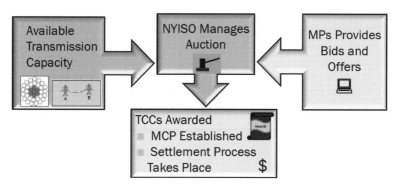

図3-4　TCCオークションの概要

　要を示す。送電線空き容量（図左）とオークション参加者の入札（図
右）を受けて NYISO がオークションを行い（図中央上）、落札がさ
れ市場約定価格（Market Clearing Price：MCP）が決まり精算プロ
セスが実行される（図中央下）。

　なお、NYISO にはオークション形式を構築する責任があり、その
際に最適潮流計算（Optimal Power Flow）や送電線作業に伴う計画
停電を考慮する。

表3-2　中央オークションの進行方法の例

Centralized Auction Example 3 Months Prior to Capability Period

% System Capacity (S.C.) Offered	Sub-Auction (Duration)	Round #	% Split／Round
5% of S.C.	2-Year	Round 1	100%
25% of S.C.	1-Year	Round 2 Round 3 Round 4 Round 5	20% 24% 28% 28%
45% of S.C.	6-Month	Round 6 Round 7 Round 8	27% 33% 40%
25% of S.C.	System Capacity already spoken for from prior Centralized Auctions' 2-yr & 1-yr TCCs（fixed injections）		
100% of System Capacity			

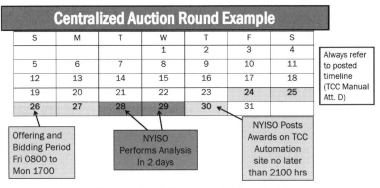

図3−5　オークションのスケジュールの例

　表3−2に資格期間（Capability Period）の３カ月前に実施される中央オークションの進行方法の一例を示す。資格期間（Capability Period）とは、NYISO は１年を二つの期間に分け、５月１日〜10月31日を夏季資格期間（Summer Capability Period）、11月１日〜４月30日を冬季資格期間（Winter Capability Period）と定義している。% System Capacity（S.C.）Offered が送電容量、Sub-Auction（Duration）が当該 FTR の期間、Round# がオークションラウンド番号、% Split / Round はある Sub-Auction 内で Round 毎に割り振られる容量の割合である。

　オークションは入札から約定まで１週間程度で行われる。スケジュールの例を**図3−5**に示す。

　オークションはシングルプライスオークションである。以下に

表3−3　オークションでのFTR割り当ての例

	Available Capacity from Gen Ato Zone B=200 TCCs	
Two Year Duration	Round 1	50
	Round 2	50
	Round 3	50
	Round 4	50

表3−4　FTR入札の例

50 MWs/Round – Requests for TCCs from Gen A to Zone B		
Company	# MWs	Bid
Trans IT	20	$5/MW for 2 yrs
L&D Power	20	$4/MW for 2 yrs
EMC	15	$3/MW for 2 yrs
New Power	5	$2/MW for 2 yrs

表3−5　MCPと各社の支払額の例

Round 1 awards of TCCs from Gen A to Zone B				Paid to NYISO
Company	# MWs Requested	Bid	# MWs Awarded	
Trans IT	20	$5/MW	20	$3/MW x 20 MWs = $60
L&D Power	20	$4/MW	20	$3/MW x 20 MWs = $60
EMC	15	$3/MW	10	$3/MW x 10 MWs = $30
New Power	5	$2/MW	0	MCP

MCP が決まる過程の例を示す。

　表3−3の例では、Gen A（POI）と Zone B（POW）をつなぐ送電線の空き容量が 200MW で、この容量に対して FTR オークションが実施される。4回ラウンドがあり、各ラウンドに 50MW 割り当てられた。

　FTR 50MW に 対 し て Trans IT 社、L&D Power 社、EMC 社、New Power 社の4社から入札があり、それぞれの入札内容は**表3−4**の通り。

　オークションでは、入札価格が高い札から容量を積み上げ、公募容量に達した札の入札価格が MCP となる。この例では EMC 社が入れた札の入札価格である $3/MW が MCP となり、EMC より入札価格が高かった Trans IT 社と L&D Power 社も MCP = $3/MW で精算を行う（**表3−5**参照）。以上が①オークションの概要である。

②FTR Holder による再販（Secondary Market）は、オークショ
ンでFTR を取得した FTR Primary Holder が FTR を再販すること
である。また③送電線オーナーより直接購入は、NYISO OASIS を通
して送電線オーナーが直接 FTR を販売することを意味している。

出典：

Horace Horton（2018），"Transmission Congestion Contacts", New
　York Market Orientation Course（NYMOC），October 16-19, 2018,
　Rensselaer, NY 12144.

Arthur L. Desell (1999)，"Transmission Congestion Contracts（TCCs）
　Provide Transmission Price Certainty", 1999 PICA Conference
　Santa Clara, May 20, 1999.

New York Independent System Operator（2017），"Transmission
　Congestion Contacts Manual", Version: 3.1, Effective Date: August 8,
　2017

3.1.6 既存合意（Existing Agreements）

解説　本項では既存合意（Existing Agreements）、すなわち
NYISO が設立され、送電オペレーションを引き継ぐ以前に存在
していた送電線オーナー間、または送電線オーナーとその他の事
業者間で締結していた送電線利用に関する合意を、NYISO の枠
組みにどのように継承しているかを説明している。送電サービ
スの概要を理解する趣旨から外れるため、原文の翻訳は省略す
る。なお、NYISO OATT（Open Access Transmission Tariff）の
Attachment L に既存合意の全リストが掲載されている。

3.1.7 送電取引（Transmission Transactions）

［参考資料］

NYISO Open Access Transmission Tariff（OATT）-Volume 1,
  Attachments C and J

NYISO Services Tariff-Attachment B

NERC Policy 3 and Policy 9

NERC-ATC Definitions and Determination, June 1996

ここでは、送電取引について説明する。

解説　取引（Transactions）

　NYISO では電力・容量の購入・販売、及びアンシラリーサービスを販売する行為を取引（Transactions) と定義している。本項では NYISO が取引に対して、送電サービスを提供するに当たり考慮する項目について述べている。取引にはニューヨーク制御エリア（New York Control Area：NYCA）内外の事業者間で取り交わされる相対取引（Bilateral Transaction）や、NYCA の近隣制御エリア（Control Area：CA）の事業者が NYCA 内へ販売、または NYCA 内から調達する外部取引（External Transaction）、また NYCA 近隣 CA の事業者と別の NYCA 近隣 CA の事業者間で行われ、かつ NYCA 内を電力が通るような外部取引が含まれる。整理すると取引には以下の種類がある。**図3－6**はこれらの関係を地図上にまとめたものである。各取引の方向を表す矢印は、起点が POI、終点が POW を意味する。近隣 CA のバスはプロキシバス（Proxy Bus）、LMP 市場経由の輸出・輸入取引での参照バスは NYISO 参照バス（NYISO Reference Bus）と呼ばれる。

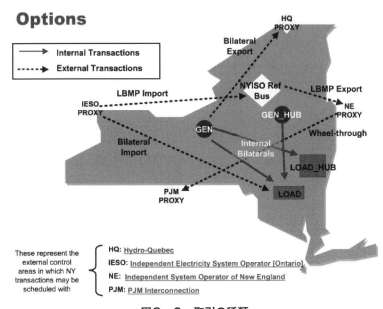

These represent the external control areas in which NY transactions may be scheduled with

HQ: <u>Hydro-Quebec</u>

IESO: <u>Independent Electricity System Operator [Ontario]</u>

NE: <u>Independent System Operator of New England</u>

PJM: <u>PJM Interconnection</u>

図3－6　取引の種類

LMP市場

・輸入（LMP Import）：NYCA外電源のLMP市場への売入札

・輸出（LMP Export）：NYCA外需要のLMP市場への買入札

相対契約

・NYCA内（Internal Bilateral）：NYCA内電源と需要の相対契約

・輸入（Bilateral Import）：NYCA外電源とNYCA内需要の相対契約

・輸出（Bilateral Export）：NYCA内電源とNYCA外需要の相対契約

・ホイールスルー（Wheel-through）：電力がNYCA内を通る、NYCA外電源とNYCA外需要の相対契約

（1）相対取引（Bilateral Transaction）

相対取引とは、複数の事業者間で行われる電力（kWh）または容量（kW）の購入及び／または販売を意味する。

本項では以下のトピックが含まれる。

・相対取引スケジュールのリクエスト
・NYISO の一般的な責任
・NYCA 内電源をディスパッチ（給電指令）する際の減分入札（Decremental Bid）の使用
・減分入札のデフォルト値
・相対取引のスケジューリング
・前日の相対取引スケジュール
・削減（Reduction）と抑制（Curtailment）
・NYCA 外取引のための送電サービスのスケジューリング

解説 減分入札（Decremental Bid）

減分入札は、輸入（LMP Import と Bilateral Import）及びホイールスルー取引を行う送電顧客発電機が提出する入札曲線（11 点の金額と MWh のペア）のことで、輸入取引では「POI（プロキシバス）の LMP が減分入札以上 / 未満であれば電力を供給する / しない」ことを意味し、ホイールスルー取引では「該当区間の混雑料（負の値）が減分入札以上 / 未満であれば送電サービスを受ける / 受けない」ことを意味する。また原文では言及されないが、似た概念として Sink Price Cap Bid がある。これは輸出（LMP Export と Bilateral Export）取引を行う送電顧客が提出する入札曲線（11 点の金額と MW のペア）のことで、「POW（プロキシバス）の LMP が Sink Price Cap Bid 以下 / 超過であれば電力の供給を受ける / 受けない」ことを意味する。NYISO は、送電サービスをスケジュールする際、NYCA 内と NYCA 外の事業者間の

取引の経済性を評価するため、減分入札と Sink Price Cap Bid を使用する。

　用語は似ているが異なる概念として、PJM の Decrement Bid と Increment Offer がある。これらは仮想入札（Virtual Bid）と呼ばれる、前日市場（Day-Ahead Market、DAM）のみで取引される金融的取引で、市場参加者が当日の電源喪失や当日の LMP 変動をヘッジする目的で取引される。

1）相対取引スケジュールのリクエスト

NYCA 外電源または NYCA 内電源から供給される電力の相対取引のために、ファーム送電サービスまたはノン・ファーム送電サービス（ファーム及びノン・ファームの定義については本書第 2 章を参照）をスケジュールしている送電顧客は、NYISO に次の情報を提出する必要がある：

　1．POI の場所：NYCA 内電源の場合、POI は電源バス。 NYCA 外電源の場合、POI はプロキシ電源バス。

　2．POW の場所：NYCA 内需要の場合、POW は需要が存在する需要ゾーン、またはバスに商用リアルタイムメーターが設置されている場合、需要が接続している送電システム上のバス。 NYCA 外へ送電する場合、POW はプロキシ電源バス。

　3．1 時間毎の発電スケジュール

　4．送電サービスがファームかノン・ファームか。

　5．NYCA 外電源、輸出、及びホイールスルーを含む相対取引に対する NERC 取引優先順位。

　6．相対取引で要求される容量（MW）までの減分入札。 送電顧客が減分入札を提出しない場合、NYISO はセクション 7．1．4 及び 7．1．7（本項では（1)-4）及び 7）が該当）に従い減分入札を割り当てる。

7．NYCA 内電源の場合、電源がオンディスパッチ（On-Dispatch）かオフディスパッチ（Off-Dispatch）か。

8．相対取引において発生する送電ロス（Marginal Losses）をカバーするため、送電顧客が追加で提供する電力（MW）と、当該電力を供給する電源の位置情報。

9．送電顧客が NYISO OATT で許可されている範囲内で自己供給するアンシラリーサービスの量と位置情報。

10．NYISO が要求するその他のデータ

解説 NERC 取引優先順位（Transaction Priorities）

NERC Transmission Loading Relief Procedure に基づき、取引に適用されるスケジューリングの優先順位。NERC Transmission Loading Relief Procedure とは、NERC によって定められた、運用計画または実需給の断面で送電システムにセキュリティ違反が発生した場合に、救済するための手順である。

解説 オンディスパッチ（On-Dispatch）とオフディスパッチ（Off-Dispatch）

オンディスパッチの電源とは、NYISO のコンピュータから送られる給電指令に応答できる電源のことである。オフディスパッチの電源とはこれに応答できない電源のことであり、通常は電話で指示を受け応答する。

2）NYISO の一般的な責任

NYISO は、相対取引のための送電サービスのリクエストを評価し、系統制約付き起動停止計画（Security Constrained Unit Commitment：SCUC）により前日スケジュールを作成する。当日の断面ではリアルタイムコミットメント（Real-Time Commitment：RTC）とリアルタイムディスパッチ（Real-Time Dispatch,：RTD）

により、各時間の給電指令スケジュールを作成する。NYISOは、NYCA内電源が提供する相対取引の場合、当該電源がPOIでの電源の最大出力容量（MW単位）を超えない出力でスケジュールされていることを確認する。RTDにて必要と判断された場合、NYISOは本マニュアルのセクション7.1.7（本項では（1）-7）が該当）で説明されているように、ディスパッチ中に送電サービスを抑制することがある。

> **解説** 系統制約付き起動停止計画（Security Constrained Unit Commitment, SCUC）、リアルタイムコミットメント（Real-Time Commitment：RTC）、リアルタイムディスパッチ（Real-Time Dispatch：RTD）
>
> 　基幹系統において、信頼度基準を満たしながら、入札情報に基づき経済的な電源の起動停止と各時間の給電指令値を決めるプログラム群。前日スケジュールはSCUC、当日のリアルタイムスケジュールはRTCとRTDを使用して決定する。SCUCの解説は本章第2節に、RTC及びRTDの解説は本章第3節に譲る。

3）NYCA内電源をディスパッチするための減分入札の使用

　需給の状況が変化するのに合わせて電源をディスパッチするとき、NYISOは、減分入札と増分入札（Incremental Bid）を同時、同様に以下の通り使用する。

　・LMP市場にサービスを提供する電源は、POIのLMPが増分入札を下回った場合、下げ方向にディスパッチされる可能性がある。

　・相対取引にサービスを提供する電源は、POIのLMPが減分入札を下回った場合、下げ方向にディスパッチされる可能性がある。

　・電源がLMP市場にサービスを提供しているか相対取引にサービスを提供しているかに関わらず、POIのLMPが電源の減分入札または増分入札を上回った場合、上げ方向にディスパッチされる可能性が

ある。

増分入札（Incremental Bid）

　Incremental Energy Bid とも呼ばれ、NYCA 内電源が LMP 市場に入札する際に提出する入札曲線（11 点の金額と MWh のペア）のことである。経済的な電源のディスパッチのため、前日・リアルタイムスケジューリングに使用される。

4）減分入札のデフォルト値

　減分入札が提供されない場合、NYISO は減分入札にデフォルト値を割り当てる。デフォルト値は大きなマイナスの値で、0 MW から最大取引値（MW）の各点に適用される。

　既得権（Grandfathered Rights）を使用して前日市場（Day-Ahead Market：DAM）で相対取引をスケジュールしている送電顧客が、当該相対取引で減分入札を提供しない場合、NYISO は、DAM に入札された減分入札の最低値からさらに 100 ドル／ MWh を減じた値をデフォルト値として割り当てる。

減分入札のデフォルト値

　既に解説した通り、減分入札は「POI（プロキシバス）の LMP が減分入札以上／未満であれば電力を供給する／しない」という指標である。よって減分入札が大きなマイナス値であれば、プロキシの LMP が低い値であっても、当該取引がスケジュールされることを希望していることになる。

既得権（Grandfathered Rights）

　ETA（Existing Transmission Agreements）に紐づく送電権のこと。ETA については本項（3）-1）で解説している。

5）相対取引のスケジューリング

相対取引の送電サービスは次のようにスケジュールされる。

1．提出された入札の評価に続いて、NYISO はそれらの取引が実施される時間帯について送電サービスをスケジュールする。

2．NYISO は、全ての NYCA 内電源をリアルタイムで給電指令が可として扱い、全ての NYCA 外電源をリアルタイムで給電指令が不可として扱う。

3．可能な限り、NYISO は SCUC と RTC、RTD を使用して NYCA 内電源のスケジュールを決定し、ファーム送電サービスを依頼している相対取引の顧客にファーム送電サービスが提供されるようにする。

4．取引が DAM または RTC の SCUC プロセスで送電混雑を引き起こす場合、NYISO は DAM または RTC で当該取引のノン・ファーム送電サービスをスケジュールしない。DAM または RTC で発行された全てのノン・ファーム送電サービスのスケジュールはアドバイザリーのみであり、混雑が発生した場合は削減の対象となる。ノン・ファーム送電サービスを受ける送電顧客は、削減の実施が遅延した場合（例えば、削減の実施前に経過した5分間の RTD サイクル）には混雑料を支払う可能性がある。

6）一日前の相対スケジュール

NYISO は、前日の送電サービスをスケジュールする前に、全ての NYCA インターフェース送電能力を計算する。NYISO は SCUC を実行するにあたり、計算された送電能力、提出された相対取引のためのファーム送電サービスのスケジュール、需要予測、及び提出された増分入札と減分入札を考慮する。

前日スケジュールでは、NYISO は SCUC を使用して、電源スケジュール、取引のための送電サービス、及び近隣 CA とのネット連系線潮流期待値（Desired Net Interchanges：DNI）を決定する。

NYISO は、前日スケジュールの決定において、ノン・ファーム送信サービスを使用する電源に関して提出された減分入札は使用しない。

> **解説** Desired Net Interchanges（DNI）
> NYCA と隣接する CA 間のインターフェースでスケジュールされている 1 時間毎のネットの潮流電力量のこと。DNI は NYISO と隣接する CA 間の規定に基づき調整及び検証される。

7) 削減（Reduction）と抑制（Curtailment）

在る送電顧客のファーム送電サービスが、NYCA 内電源による相対契約のためのもので、かつその電源が下方にディスパッチされる場合、NYISO は送電サービスを削減しない。輸出先の需要や送電顧客に対しては、NYISO は LMP 市場で調達した電力を供給し続ける。送電顧客は取引の前日スケジュールに基づいて前日の送電料金（Transmission Usage Charge：TUC）の支払いを継続する必要があり、さらに電源は、代わりに LMP 市場で調達された電力量（MWh）を取引の POI における LMP を支払わなければならない。

送電顧客がノン・ファーム送電サービスを受けていて、当該送電サービスが削減または抑制された場合、NYCA 内需要はリアルタイム LMP 市場から代替する電力を調達することができる。また削減または抑制された当該送電サービスに該当する電力を提供している NYCA 内電源は、リアルタイム LMP 市場に余剰電力を売電することができる。

NYISO は削減または抑制されたノン・ファーム送電サービスを自動的に復帰しない。送電顧客はある取引に対応する送電サービスを復帰させるために、次の RTC 実行のタイミングで新しいスケジュールを提出することができる。セキュリティ違反が発生した、または発生が予想される場合、NYISO は次の手順を使用して違反の緩和を試みる。

1．ノン・ファーム送電サービスを削減

2．ノン・ファーム送電サービスを抑制

3．増分入札及び減分入札に基づき NYCA 内電源をディスパッチ

4．NYCA 外電源との取引をサポートするファーム送電サービスを手動で削減することにより、DNI を調整する。NYISO は NERC が定める手順と減分入札に基づき、どの送電サービスを削減するかを決定し、送電違反が緩和されるか、または全ての送電サービスが抑制されるまで送電サービスを抑制する。

5．NYCA 内電源に対して、自発的に手動にて、最小可能ディスパッチレベル以下で運転するよう要求する。なお手動モードで運転する場合、電源は 1 ％の最小出力変化速度に従う必要はなく、また RTD ベースポイント信号に応答する必要はない。

6．入札額が高い方から順に NYCA 内電源を停止する。

解説 削減（Reduction）と抑制（Curtailment）

NYISO の用語集より、言葉の定義は以下の通り。

・「削減」または「削減する（Reduce）」：（予期される、または実際の）送電線混雑に起因する、ノン・ファームの送電サービスの部分的な、または全体の削減。

・「抑制」または「抑制する（Curtail）」：システム信頼度を維持する目的で、送電線容量を確保するために実施されるファーム及びノン・ファーム送電サービスの削減。

8）NYCA 外取引のための送電サービスのスケジューリング

NYISO は、輸入[2]のために NYCA 外電源を使用する送電顧客が提供する減分入札を使用して、前日のスケジュールされる当該電源からの各時間帯の発電量を決定する。続いてこれらの取引をサポートするファーム送電サービスを決定する。

同様に NYISO は、輸入[2]のために NYCA 外電源を使用する送電

顧客が提供する減分入札を使用して、RTC における当該電源からの発電量を決定する。続いてこれらの取引をサポートするファーム送電サービスを決定する。

　DNI が、NYCA と隣接する CA 間のインターフェースの送電能力を超過する場合、NYISO は相対取引をスケジュールしない。

9）輸入及びホイールスルー取引の減分入札

　輸入及びホイールスルー取引の場合のみ、取引に減分入札情報を追加できる。情報は市場情報システム（Market Information System：MIS）に入力する。NYCA 内取引または輸出取引をサポートしている NYCA 内電源は入札カーブを提出しているため、減分入札は NYCA 内取引または輸出取引には使用されない。NYCA 内取引または輸出取引のスケジュールを決定するために、減分入札は使用されない。

輸入取引

　輸入取引の減分入札の値は、電源の増分入札と同じように扱われる。もし POI（この場合は外部プロキシ）の LMP が減分入札よりも高い場合、取引はスケジュールされる。

　LMP が減分入札よりも低い場合、取引はスケジュールされず、電力は NYCA に輸入されない。LMP が減分入札に等しい場合、取引は均衡点にあり、その LMP で複数の取引が入札された場合、スケジュールされない可能性がある。

　注意点：有効な輸入取引が DAM またはリアルタイム市場（Real Time Market）のいずれかに提出されると、物理的な取引が切断されても、金融的な拘束力は残る。

2）原文では「輸出」であるが「輸入」の誤植と思われる。輸出では減分入札ではなくSink Price Cap Bidを提出する。

例：

・減分入札 = 30 ドル、LMP = 31 ドルの場合、取引はスケジュールされる。

・減分入札 = 30 ドル、LMP = 29 ドルの場合、取引はスケジュールされない。

ホイールスルー取引

　ホイールスルー取引の減分入札は、取引の混雑料と比較される。当該混雑料は、POW の混雑要素と POI の混雑要素の差で求められる。（なお NYISO では混雑は負の値で表示される。）この評価方法はホイールスルー取引でのみ行われる。

　取引の混雑料が減分入札よりも高い場合、取引はスケジュールされる。

　取引の混雑料が減分入札よりも低い場合、取引はスケジュールされず、電力は NYCA 域内を通らない。

　取引の混雑料が減分入札に等しい場合、取引は均衡点にあり、その混雑料で複数の取引が入札されている場合はスケジュールされない可能性がある。

　例：

　減分入札 = − 30 ドル

　POI の混雑要素 = − 20 ドル

　POW の混雑要素 = − 40 ドル

　この場合、取引の混雑料 = − 40 ドル −（− 20 ドル）= − 20 ドルで、減分入札が混雑料より小さい値なので、取引はスケジュールされる。

　減分入札 = − 30 ドル

　POI の混雑要素 = − 5 ドル

　POW の混雑要素 = − 40 ドル

この場合、取引の混雑料＝－40ドル－（－5ドル）＝－35ドルで、
減分入札が混雑料より大きい値なので、取引はスケジュールされない。

10）NYCA 外 LMP または相対ホイールスルーのための 取引の事前スケジューリング

解説 事前スケジューリング（Prescheduling）

　事前スケジューリングとは、LMP 市場経由で輸出・輸入取引を行う市場参加者、または相対によるホイールスルー取引を行う市場参加者が、NYISO と影響する CA に対して DAM より前に当該取引のスケジューリングを依頼し、評価を受けることを意味する。事前スケジューリングの依頼は実需給の 18 カ月前から提出することができ、NYISO が評価を行い承認・否認の判断を行う。承認された場合、優先的にディスパッチされるが、DAM 及びリアルタイム市場においてプライステイカー（市場約定価格に従う）の扱いとなる。

　NYISO の評価ではランプ能力（Ramp Capacity）と可用送電能力（ATC）の制約に照らして承認・否認の判断がされる。ランプ能力と可用送電能力は逆方向からの潮流に影響を受けるため、そのような事前スケジューリング依頼があった場合、一度否認された事前スケジューリングが再考される可能性がある。またそのような事情のため、一度承認された事前スケジューリングをキャンセルしたいが、当該キャンセルによってランプ能力またはATC に違反が起こる場合、NYISO はキャンセルを許可しない。

　なお本段落（原文サブセクション 7.1.10.）は事前スケジューリングについての実務的な内容であり、送電サービスの概要を理解する趣旨から外れるため、原文の翻訳は省略する。

（2） NERC 取引タグ付与

解説 ETAG

　ETAG とは NERC がセキュリティ違反を削減するために規定している Transmission Loading Relief（TLR）procedure に基づく規定で、相対取引や輸出・輸入取引を行う市場参加者は必ず市場情報システムに ETAG を提出しなければならない。ETAG は NYISO 及び近隣 CA における共通ルールであり、インターフェース潮流のスケジュールを経済的、物理的に調整する上で重要な情報である。

　なお本目（原文セクション7.2）は NERC Electronic Tagging（ETAG, 電力取引への電子タグ付与）についての実務的な内容であり、送電サービスの概要を理解する趣旨から外れるため、原文の翻訳は省略する。

（3） 送電能力

　送電能力（Transmission Transfer Capability）とは、相互接続された電力システム間で、接続している全ての送電線を使い一つのエリアからもう一つのエリアに向けて、信頼度を維持しつつ、送電する能力の尺度である。NYISO は、信頼度ルールの要求に基づき、NYS 送電システムのインターフェース（NYS 内、及び NYCA と近隣 CA 間）について送電能力を計算する責任がある。

　送電能力の単位は一般的に MW で表される。この文脈では、「エリア」は個々の電力システム、パワープール、制御エリア、サブリージョン、NERC リージョン、またはこれらの一部を意味する。送電能力は、その定義のため方向性を持つ。つまり一般的には、エリア A からエリア B への送電能力は、エリア B からエリア A への送電能力とは異なることを意味する。

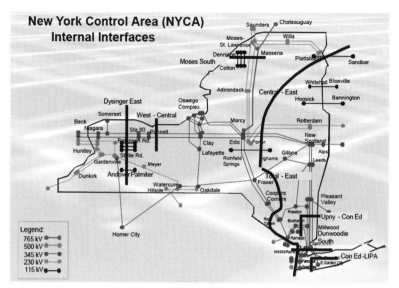

図3-7　NYCA域内インターフェース

解説　インターフェース

　インターフェースとは、NYCAと近隣CA間の送電線のみならず、NYCA内の異なるゾーン間をつなぐ送電線を含む概念である。図3-7はNYCA内のインターフェース（太線で表示）を示す地図である。またインターフェースは、一回線以上の送電線がある場合は、それらを束ねた送電線の集合を意味する。NYISOでは管轄のインターフェースの運用容量を算出したレポートを毎年夏と冬に発行している。リンクは2019年夏のレポートである。

https://www.nyiso.com/documents/20142/3691300/
Summer2019-Operating-Study-OC-Approved.pdf/59999d96-
ef20-936b-e667-541bbc3efda5

能力（Capability）と容量（Capacity）：
個々の送電線の定格容量を単純に足し合わせて、インターフェースの

送電能力を求めることはできない。 そのように足しあわされた容量は、ネットワークの送電能力とは大きく異なる場合がある。一般的に、二つのエリア間の特定の送電インターフェースの個々の回線の容量を足し合わせた総容量は、そのインターフェースの実際の送電能力よりも大きくなる。

送電能力における限度：
相互接続された送電ネットワークの電力を確実に送電する能力は、以下の物理的及び電気的特性によって制限される場合がある。

・熱の限度 – 熱の限度は、送電線または電気設備が指定された期間にわたって、過熱による永続的な損傷を受けない、または公共の安全基準に違反しない条件下で伝導できる最大電流量を決定する。

・電圧の限度 – システムにおける電圧及び電圧変化量は、許容可能な管理値の範囲内に維持する必要がある。 システム電圧が広範囲で崩壊すると、相互接続されたネットワークの一部または全体が停電する可能性がある。

・安定性の限度 – 送電ネットワークは、外乱に続く過渡的及び動的な期間（それぞれミリ秒から数分）を耐える必要がある。外乱の後に安定した動作点がすぐに確立されない場合、発電機の同期状態が崩れ、相互接続された電気システムの全てまたは一部が不安定になる可能性がある。発電機が不安定になると、機器が損傷し、顧客への電力供給が制御不能となり広範囲でサービスが停止する可能性がある。

ネットワークの運用状況は時間とともに変化するため、送電ネットワークの限度を決める制約要素は、熱の限度、電圧の限度、及び安定性の限度間でシフトする可能性がある。

解説 送電能力（Transfer Capability）

　送電能力は、日本における運用容量と同等の概念である。制約要素である熱の限度、電圧の限度、及び安定性の限度の評価基準は NYSRC RELIABILITY RULES For Planning And Operating the New York State Power System で述べられている。

送電能力の決定：

　送電能力の計算は、通常、想定される特定の運用状況の下で、相互接続された送電ネットワークの挙動をコンピューターシミュレーションすることで算出する。 各シミュレーションは、次のような多くの要因の予測に基づく、相互接続されたネットワークの運用状況の「スナップショット」を表す。

・顧客の需要
・電源のディスパッチ
・システム構成
・ベースの送電スケジュール
・システムの不測事態

　相互接続されたネットワークの状況は、リアルタイムで継続的に変化する。 したがってネットワークの送電能力も断面によって異なる。このため、ネットワーク運用のために送電能力の値を使用するアプリケーションのために、定期的に送電能力の計算を行い、結果を更新している。

　任意の二つのエリア間、特定のインターフェース間における総送電能力（Total Transfer Capability：TTC）とは、以下の全ての条件を満たしながら、相互接続された送電ネットワークを介して、信頼できる方法で送電できる電力量のことである。

1. 現状または計画中のシステム構成において、通常時（N − 0）

の運用手順が有効で、全ての送電設備の負荷が通常時の定格内であり、全ての電圧が通常時の管理値以内である。

　２．電力システムが、送電線、変圧器、発電機などの電力システム要素うち一要素の喪失がもたらす外乱に続いて、動的な潮流変動を吸収し、安定性を維持できる。

　３．（上記（２）で説明した）電力システム内の一要素の喪失がもたらす外乱に続く潮流変動が消失し、自動運用システムが動作を開始、かつオペレーターによって不測事態（N−1）発生後のシステム調整対応が実行される前において、全ての送電設備の負荷が非常時定格内であり、全ての電圧が非常時管理値内である。

　４．上記条件（1）に関連して、通常時の設備の負荷が、不測事態時の（何れかの）限度に達する送電電力量より少ない送電電力量で通常時の定格に達する場合、送電能力はそのような通常時の定格に達する送電電力量で定義される。

　５．送電能力の限度を決定する際、場合によっては個々のシステム、

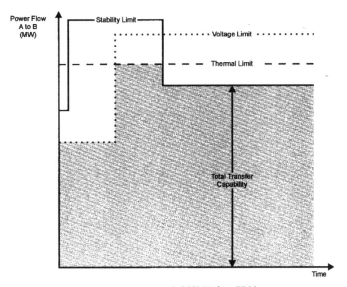

図3−8　TTCと制約要素の関係

パワープール、サブリージョン、またはリージョンの計画基準やガイドラインが要求する、例えば共通の鉄塔を使用する送電回路の停止といった特定の不測事態を複数考慮する必要がある。これら複数の不測事態の結果として生じる限度が上記の単一の不測事態よりも厳しいものである場合、より厳しい信頼度基準、またはガイドラインを遵守する必要がある。

TTC ＝ ｜熱の限度，電圧の限度，安定性の限度｜ の最小値

解説 TTC と制約要素

　TTC と各制約要素の関係図を**図３－８**に示す。時間断面により、TTC を決定する制約要素素は、熱の限度（Thermal Limit）、電圧の限度（Voltage Limit）、及び安定性の限度（Stability Limit）間でシフトする。

　NYISO の送電能力の計算は、NERC、NPCC、及び NYSRC の標準及び基準と一致する。これらの計算は、NYISO がオフライン及びリアルタイムの分析プロセス（SCUC、RTD、RTC）により実行する。

解説 NERC、NPCC、NYSRC

　NERC（North American Electric Reliability Corporation）とは、北米電力システムの信頼度を維持するための基準を作成、運用、評価、及び監視を行う組織である。

　NPCC（Northeast Power Coordinating Council）とは、NERC の下部組織で、六つある地域信頼度協会（Regional Reliability Entities）の一つ。NYCA やカナダの一部を含む北東エリアを担当している。NERC 基準に追加して、担当地域の特性を考慮した基準を設定する役割がある。

　NYSRC（New York State Reliability Council）とは、ニュー

ヨーク州の電力システムのみに適用される信頼度基準を作成し、運用、評価、及び監視を行う組織である。NYISO 及び市場参加者は NERC、NPCC、NYSRC の基準全てに準拠しなければならない。

1）可用送電能力

　二つのエリア間の可用送電能力（Available Transfer Capability：ATC）は、物理的な送電ネットワークに残っている送電能力の尺度である。この能力は特定の状況かつ特定の期間において、既にコミットされた使用に加えてさらなる商用での使用が可能である。既存の送電コミットメントをサポートするために予約されている量は、既存送電契約（Existing Transmission Agreements：ETA）及び元来顧客向け既存送電容量（Existing Transmission Capacity for Native Load：ETCNL）で定義される。NERC による ATC の定義は、TTC から送電信頼度マージン（Transmission Reliability Margin：TRM）を差し引き、さらに既存の送電コミットメント（小売顧客サービスを含む）と容量便益マージン（Capacity Benefit Margin：CBM）の合計を差し引いたものである。

> **解説**　既存送電契約（Existing Transmission Agreements：ETA）、元来顧客向け既存送電容量（Existing Transmission Capacity for Native Load：ETCNL）
> 　ETA と ETCNL は、事業者間の送電線運用に関わる、NYISO 設立より以前に存在していた契約や、当時当局が事業者に定めた義務を、NYISO の枠組みの下で定義したものである。ETA と ETCNL の全リストは NYISO OATT の Attachment L に掲載されている。

　NYISO は、SCUC 及び RTC を使用して前日及びリアルタイムス

ケジュールを立てる際、または実需給断面で RTD を使用してニューヨーク州電力システムをディスパッチする際に、ATC を算出する。送電能力は、ベースとなるシステム負荷及び送電システムの重大な不測事態の影響評価に基づいて算出される。

ATC = TTC −送電インターフェース潮流利用− TRM − CBM

　送電インターフェース潮流利用（Transmission Interface Flow Utilization）とは、DAM 及びリアルタイムスケジューリング（Real-Time Scheduling:RTS）で決定される、NYCA の電源コミットメント、需要パターン、及び近隣 CA との取引の結果として生じる、インターフェース潮流に基づく値である。DAM または RTS における、近隣 CA とのファームな（流入）潮流スケジュールは、RTD における近隣 CA インターフェースの容量増加とみなすことができ、RTS に反映される。ATC は、送電インターフェース潮流利用を考慮した残りの送電能力であり、保証される TRM を差し引いたもの。リアルタイム市場及び RTS の目的のために、NYISO は CBM を使用しない。

解説　リアルタイムスケジューリング（Real-Time Scheduling：RTS）
　RTC と RTD を実行し当日のスケジュールを立てること。

ATC の提出

　SCUC 及び RTC 評価プロセスの結果として、二つの ATC の値（一つはファーム、もう一つはノン・ファーム取引用）が決定される。SCUC 及び RTC プロセスの最終ステップとして、ノン・ファーム取引スケジューラ（Non-Firm Transaction Scheduler：NFTS）が ATC 値を決定するための計算を実行する。ATC は、最初にファーム取引のみを考慮して計算され、その結果の値はノン・ファーム取引を

除く値である。

　続いて、NFTS は提出されたノン・ファーム取引に対して、指定の計算対象期間に割り当て可能な残余 ATC があるかを確定する。NFTS は、それらのノン・ファーム取引をスケジュールし、ノン・ファーム取引を含む ATC 値を計算する。その後、両方の ATC 値は、それぞれの計算期間の「ノン・ファームなしの ATC」及び「ノン・ファームありの ATC」として NYISO OASIS に提出される。

DAM における ATC

　DAM では、SCUC プロセスで翌日の各時間の ATC 値を計算する。DAM の SCUC の実行には、送電設備の作業停止を考慮しつつ、各インターフェースの TTC 値が組み込まれる。ATC 値は、SCUC の需要予測再給電パス（Forecast Load Re-Dispatch Pass）において、電源コミットメント、需要パターン、及び近隣 CA 取引を考慮したインターフェース潮流に基づいて確定される。混雑要素を含む DAM 価格は、SCUC の需要入札再給電パス（Bid Load Re-Dispatch Pass）の結果であることに留意が必要である。したがって、需要予測再給電パスにおける DAM の ATC 値は、需要入札再給電パスにおける DAM の LMP の混雑要素に直接関連付けることはできない。SCUC 評価の需要予測再給電及び需要入札再給電パスの詳細は Technical Bulletin #49 に記載されている。DAM プロセスの完了後、各インターフェースの TTC 及び ATC 値が NYISO OASIS に提出される。

解説　需要予測再給電パス（Forecast Load Re-Dispatch Pass）、需要入札再給電パス（Bid Load Re-Dispatch Pass）
　SCUC のアルゴリズムには五つのパス（PASS）があり、需要予測再給電パスと需要入札再給電パスはそれぞれパス #4 とパス #5 に該当する。SCUC アルゴリズムの各パスの解説は本章第 2 節に譲る。なお Technical Bulletin #49 は廃版となっており、同

等の内容は Day-Ahead Scheduling Manual に移行している。

リアルタイム市場における ATC

NYISO はシステムの状況を監視し、次の1時間とその後の連続する2時間分、3時間の時間断面で、RTS の評価を実施する[3]。RTS は、受け入れられた全ての DAM の入札と、受け取った追加の1時間前の入札を評価する。 RTS 評価のための TTC 値は、電源と送電設備の1時間毎の作業停止計画に基づく値である。また TTC 値は、DAM で事前に計画されていない可能性がある当日の停止も考慮する。加えて、NYISO オペレーターは、当日のシステム運用状況に基づいて RTS の TTC を調整し、当日の NYISO システムの信頼度の問題に対処する。

正時（X：00）の RTS の実行プロセスに続いて、1時間毎、次の1時間開始の45分前に、TTC と ATC が更新され NYISO OASIS に提出される。

当日のオペレーション

TTC と ATC の値はリアルタイムではなく1時間毎に提出される。発生する可能性がある1時間内の変更は、次の1時間分の RTS 評価が提出されるまで NYISO OASIS に提出されない。

2) 総送電能力

NYISO Transmission and Dispatching Operations Manual で定義されているように、NYISO は NYCA 内及び近隣 CA との間の送電インターフェースの総送電能力（Total Transfer Capability：TTC）値を算出する。インターフェースとは、LMP 需要ゾーンと隣接する CA 間の送電能力に相当する、送電線の集まりを表す。これらのイン

---

3) RTSの説明として厳密ではないと思われる。RTSを構成するRTCとRTDについては本章第3節を参照。

ターフェースは、SCUC 及び RTC ソフトウェアの中で定義されている。

　これらのインターフェースは、NERC のプロシージャの中でフローゲート（Flowgate）としても定義されている。インターフェースは、DAM では SCUC で、RTS プロセスの場合は RTC でモニターされる。RTS の実行プロセスに続いて、1 時間毎に、次の 1 時間開始の 45 分前に、TTC と ATC の値が更新され NYISO OASIS に提出される。

　TTC 値は、送電設備の作業停止計画を裏付ける情報として、次の 30 日間についても算出する。NYISO Transfer Limit Report（<http://www.nyiso.com/public/pdf/ttcf/ttcf.pdf>[4) の NYISO OASIS を参照）は、全ての施設が稼働している前提の通常の TTC 値と、作業停止に対応する減少した TTC 値を提示している。

　NYISO は、NYISO 委員会及び近隣の CA、及び NPCC と協力してオフラインの調査を実施するが、この調査結果は、リアルタイムシステム監視に加えて、DAM 及び RTS における適切な TCC 値を決定するために利用される。TTC 値は NYISO 市場運用チームによってレビューされ、正確な値が提出されるよう確認の上、更新する場合がある。インターフェースの TTC 値は、熱、電圧、及び／または安定性の限度により決まる。全てのインターフェースの TTC 値には、TRM 要素の代わりに通常の運用マージンが考慮される。通常は全てのインターフェースについて、運用マージンは 100MW である。

解説　フローゲート（Flowgate）
　通常時または不測事態時に系統混雑のボトルネックとなりうる、常時監視されている基幹系統上の物理的な要素（送電線や変圧器）のこと。一般的に、インターフェースはフローゲートである。

4）現在、リンクは切れている。現在、アクセス可能な NYISO OASIS のリンクは http://mis.nyiso.com/public/ である。OASIS の画面左にあるインデックスより Transfer Limitations をクリックすると、Transfer Limitations のレポートが閲覧可能。

3）送電信頼度マージン

送電信頼度マージン（Transmission Reliability Margin：TRM）は、合理的な範囲で想定されるシステム状況の不確実性の下で、相互接続された送電ネットワークが信頼度を確保するために必要な送電能力の量として定義される。

TRM は、潜在的にとりうる様々なシステム状況の下で、相互接続された送電ネットワークの信頼度を確保するため、予備の送電能力を提供する。TRM は、電力システム固有の不確実性と、それが TTC 及び ATC 計算にもたらす影響、及び信頼度の高いシステム運用を実現するための柔軟性の要求に対応する。

TRM を ATC 計算に適用することで、通常の運用マージンやループ潮流、及び需要予測の不確実性、さらに外部システム状況の変化などの予期しないシステム状況の変化に対処できる。

実需給断面で運用上の問題を引き起こす、または悪化させることを避けるため、TRM を使用して、送電システムのスケジュールが過密にならないようにすることがある。

NYISO は、DAM 及び RTS において、ファームのスケジューリングを行う目的で TRM を使用しない。

全ての NYISO インターフェースの TTC 値には、TRM の代わりに通常の運用マージンが含まれる。

4）容量便益マージン

電力供給の信頼度基準を満たすため、小売事業者（Load Serving Entity：LSE）は、相互接続されたシステムを経由して電力を供給する電源へのアクセスを確保する必要がある。容量便益マージン（Capacity Benefit Margin：CBM）は、この目的のために LSE が確保する送電能力の量のことである。

LSE は、CBM を持たない場合では信頼度基準を満たすために一定の発電容量を確保する必要があるが、CBM を確保することで、その

発電容量を減らすことができる。

CBM に関連する送電容量は、DAM またはリアルタイム市場のいずれにおいても、スケジューリングまたはディスパッチで確保されない。

CBM は、NYISO が送電システムのスケジューリングとディスパッチに使用する計算、またはソフトウェアのいずれでも確保されない。CBM によって、スケジュールされた取引に使用可能な送電容量が削減されることはない。NYISO は実際のシステム運用において確認された運用マージンのみを考慮して、送電システムの限度まで取引をスケジュールする。運用マージンは CBM と異なり、実際のシステム運用で遵守される。

同様に、TCC の量を決定する際、CBM は確保されない。システムに割り当てられて販売される TCC の組み合わせは、同時に実行可能でなければならない。つまり、システムのセキュリティ限度を超えることなく実行できる全ての取引の組み合わせに対応している必要がある。NYISO は特定の TCC の組み合わせがこのテストに合格したかを判断する責任を負う。またそのプロセスの中で、TCC として割り当て可能な送電容量を決定する際、CBM を差し引くことはない。TCC として利用可能な送電容量は、実際のシステム運用で利用可能な容量と一致する。つまり、TCC は送電システムの限度まで販売される。

解説 ATC、TTC、TRM 及び CBM

NYISO の ATC 計算方法の詳細は NYISO OATT Attachment C で説明されている。図 3 － 9 に ATC の計算フローダイアグラムを示す。破線で囲われている範囲が NYISO の管轄する部分である。

NERC は送電能力関連の各種 Reliability Standard を発行しており、例えば TRM の要求文書名は MOD-008-1、CBM は MOD-

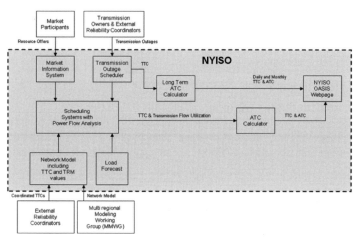

図3－9　NYISOのATC計算フローダイアグラム

004-1 である。これに対して、NYISO はそれらの要求につい
てどのように対応するかを Implementation Document（ID）と
して文書化しており、例えば TRM の MOD-008-1 に対して
TRMID が、CBM の MOD-004-1 に対して CBMID が発行されて
いる。なお TRM と CBM については、NERC 要求ではリージョン、
サブリージョン、パワープール、個々のシステム、及び LSE 毎
に必要量の算出と確保の方法が任されている。NYISO は CBM
を使用しない旨を CBMID で述べている。

出典：

New York Independent System Operator（2005）, "TRANSMISSION
　SERVICES MANUAL",Version：2.0, Revision Date：January
　20,2005.

New York Independent System Operator（2018）, "NYISO OATT",
　Document Generated On：October 9, 2018.

Bill Porter（2016）, "Energy Market Transactions", New York Market
　Orientation Course（NYMOC）：March 9, 2016.

Shaun Johnson（2010），"NYISO Day-Ahead Market Overview"，FERC Unit Commitment Model Conference Washington, DC, June 28-29, 2010, Rensselaer, NY.

New York Independent System Operator（2019），"Manual 11 Day-Ahead Scheduling Manual"，Version: 5.0, Effective Date: July 9, 2019.

Mathangi Srinivasan（2019），"Energy Market Transactions"，Market Overview Course, September 19th, 2019, Rensselaer, NY.

Mathangi Srinivasan（2019），"Locational Based Marginal Pricing"，Market Overview Course, March 12, 2019, Rensselaer, NY 12144.

New York Independent System Operator（2019），"Manual 12 Transmission and Dispatch Operations Manual"，Version: 4.4, Effective Date：September 27, 2019.

New York Independent System Operator（2013），"NYISO Agreements"，Document Generated On：March 5, 2013.

Federal Energy Regulatory Commission（2003），"Federal Energy Guidelines"，FERC Reports, January-March 2003, Cited as 102 FERC….

New York Independent System Operator（2018），"Guide 01 Market Participants User's Guide"，Version: 10.1, Effective Date: December 17, 2018.

New York Independent System Operator（2019），"Manual 29 Outage Scheduling Manual"，Version: 4.9, Effective Date：May 3, 2019.

Gina Elizabeth Craan（2019），"Power System Fundamentals"，Market Overview Course, March 12, 2019, Rensselaer, NY 12144.

New York State Reliability Council（2018），"Reliability Rules & Compliance Manual For Planning and Operating the New York State Power System"，Version 43, May 11, 2018.

North American Electric Reliability Council (1996), "Available Transfer Capability Definitions and Determination", June 1996.

North American Electric Reliability Council (2016), "Standard MOD-004-1 − Capacity Benefit Margin", Ver. 1, January 14, 2016.

New York Independent System Operator (2019), "Capacity Benefit Margin Implementation Document CBM ID MOD-004-1", April 22, 2019.

North American Electric Reliability Council (2016), "Standard MOD-008-1 − Transmission Reliability Margin Calculation Methodology", Ver. 1, January 14, 2016.

New York Independent System Operator (2019), "Transmission Reliability Margin Implementation Document TRM ID MOD-008-1", April 22, 2019.

North American Electric Reliability Council (2015), "Standard MOD-030-3 − Flowgate Methodology" November 19, 2015.

New York Independent System Operator (2019), "Manual 23 Transmission Expansion and Interconnection Manual", Version: 4.0, Effective Date：2019.

Wes Yeomans, Robb Pike (2012), "NYISO Presentations・Voltage Control・Future Market Design", FERC Annual Meeting of the ISOs, April 25, 2012.

New York State Reliability Council (2008), "Relationship between NERC and Regional Reliability Standards, Regional Reliability Criteria, and NYSRC Reliability Rules".

William W. Hogan (2016), "Virtual Bidding and Electricity Market Design".

前日市場のオペレーションは
どのようにしているのか

(NYISOの前日市場マニュアルVer4.6 2017
の解説)

本節では、実需給の一日前に決定される地点限界価格（Locational Marginal Price：LMP）の導出プロセスについて説明する。

3.2.1　概　　要

(1) システム構成要素

入札が受領されてから支払いが行われるまでのプロセス全体は、**図3－10**に示す通り、①入札／掲示システム（Bid/Post System）、② SCUC を含む前日市場発電計画サブシステム（Day-Ahead Scheduling Subsystem）、③当日市場発電計画（Real-Time Scheduling Subsystem：RTS）サブシステム、④請求・会計システムを含む決済サブシステム（Settlement Subsystem）で構成され、RTS は、⑤当日市場コミットメント（Real-Time Commitment：RTC、起動停止計画指令）と⑥当日市場ディスパッチ（Real-Time Dispatch：RTD、出力配分指令）で構成される。

さらに、グリッドの状況や発電施設の状況を監視し、必要な制御を行う SCADA（Supervisory Control and Data Acquisition）サブシス

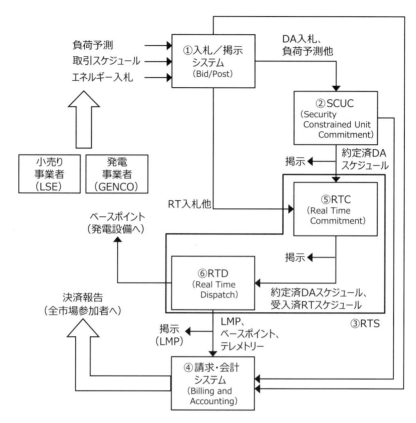

図3−10　NYISO　Bid-to-Bill プロセス

テムと履歴情報保持システムがあり、必要な情報がこれらの主要コン
ポーネントへ提供される。

①入札/掲示システム

入札/掲示システムは、発電設備及び負荷の札を受け入れ、NYCA
外取引を計画すると伴に、前日市場、RTC、RTDの結果を掲示する。

②前日市場発電計画サブシステム

前日市場発電計画プロセスは、送電設備計画停止情報の収集と、天
気予測と負荷予測モデルに基づくゾーン別負荷予測を作成した後、
SCUCにより送電制約を考慮して発電計画が作成され、その後、ノン・

ファーム取引の評価が行われる。

③当日市場発電計画サブシステム

当日市場発電計画は、RTC、RTD で構成される。

RTC（⑤）評価は、発電計画が全ての信頼性要件を満たすように、15 分間隔で実行される。RTC プログラムにより、前日市場取引と発電設備入札、及び、前日市場ノン・ファーム取引がチェックされ、計画される。必要に応じて、10 分単位及び 30 分単位のリソースも計画される。結果は 15 分毎に通知される。

RTD（⑥）は、送電制約を監視しながら需要を満たすように、NY コントロールエリア（NYCA）の入札曲線を使用して、約 5 分間隔で系統を運用する。入札曲線は、発電者が提出する増分入札曲線（Incremental Bid Curves）と、相対取引を行っている発電者が提出する減分入札曲線（Decremental Bid Curves）の組み合わせで構成される（本章第 3 節参照）。

解説 欧米の入札システムでは、発電側の Offer 入札は、定額入札ではなく出力に応じて入札価格を変化させるビッド・カーブとして入札できる。NYISO においても発電 Offer の Input 画面は、図 3 - 11 のように、出力－価格の関数として入力できるようになっている。この例では、12 ポイントの出力と価格 /MWh の組み合わせてとして、ビッド・カーブを定義できる。

　図 3 - 12 に例を示す増分入札曲線と減分入札曲線とは、市場において需要が増加している局面では、ISO は増分入札曲線に基づいて出力の増加指令を出し、市場において出力が減少している局面では ISO は減分入札曲線に基づいて出力の減少指令を出す。発電側は、市場の増減の状況に応じたきめ細かい Offer を市場に対して提出することができる。

図3−11　ビッド・カーブの入力画面例

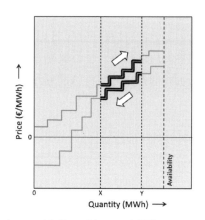

Incremental offer and decremental bid curves, generator unit

出典：EirGrid plc「Industry Guide to the I-SEM」

図3−12　増分入札曲線と減分入札曲線

④決済サブシステム

SCUC、RTS、及び、自動発電制御（Automatic Generation Control：AGC、周波数制御等の瞬時のアンシラリーサービスを自動で実施する）の結果は、運用の各時間で収集・保存され、請求・会計システム（Billing and Accounting System）にて使用される。NYISOと市場参加者の間でやりとりされる料金や支払いに関する全ての情報は、NYISOが保有する。

（2）LMPタイムライン

LMPを導出するための一連のイベントを**図3−13**に示す。最終の前日市場入札は、実需給前日の午前5時までに提出する必要がある（一部のNYCA外取引入札については午前4時50分）。午前11時

までに前日市場発電計画プロセスを完了し、その結果は入札／通知システムに掲示される。前日市場のLMPは公開情報として、約定計画はプライベート情報として扱われる。前日市場入札で落札されなかった札は、補足リソース評価（Supplemental Resource Evaluation：SRE）で使われる場合がある。

また、Market Services Tariff[*2] に従い、翌日の入札日から7日間にわたる信頼性調査が毎日実施される。この調査では、予測負荷や予備力要求量を満たす、起動時間が比較的長い電源の必要性について評価される。

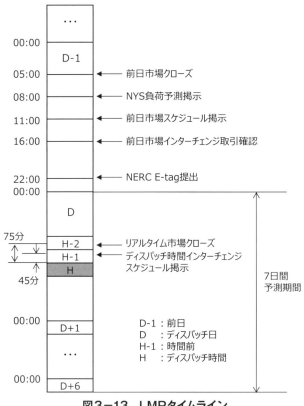

図3-13　LMPタイムライン

（3）前日市場の機能コンポーネント

図3-14 は、前日市場プロセスに含まれる様々な機能コンポーネント間の関係とデータの流れを示す。

1）主要機能

❶天気予測（Weather Forecast）－天気予測データは、天気情報提供サービスが提供するデータを管理するデータファイルから取得され、負荷予測機能へ提供される。

❷負荷予測（NYISO Load Forecast）－ NYCA 内のゾーン毎に負荷を予測する。各ゾーンの負荷及び天気の履歴データを使用して予測モデルを作成し、このモデルとゾーン毎の天気予測を用いて、今後7日間の負荷予測を行う。この予測は、SCUC の信頼性パスで使用される。

❸必要アンシラリーサービス（Reserve & Regulation Requirement）－運用予備力、及び、周波数制御の要求量が、SCUC プログラムへ引き渡される。

❹入札／掲示システム（Bid/Post System：BSYS）－ BSYS により、前日及び当日市場における発電計画とディスパッチプロセスの結果を閲覧できるが、機密データの開示はアクセスを許可された者に限定さ

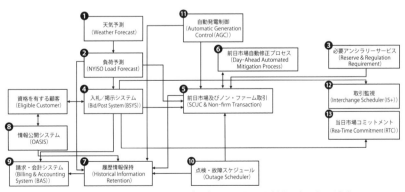

図3-14　様々な機能コンポーネント間の関係とデータの流れ

れる。前日市場の発電計画情報は、入札／掲示システムを介して当日
市場発電計画サブシステムへ提供される。

❺前日市場及びノン・ファーム取引（SCUC & Non-firm Transaction）
– SCUC は、前日市場の入札を基に、翌日の運用のための発電設備
コミットメント計画とファーム取引計画を生成する。ノン・ファーム
取引は混雑が発生すると計画に組み込まれないが、混雑がない場合は
送電能力の範囲内で計画に組み込まれる。SCUC には、現在の発電施
設の状況、発電施設の出力増減時間に関する制約、発電入札価格・起
動コスト、発電施設の最大・最小発電出力、送電設備のメンテナンス
計画、送電制約、位相角調整機（PAR）の設定、相対契約関係の Bid
等が考慮される。

2）支援機能

❻自動修正プロセス（Automated Mitigation Process：AMP）–
AMP は、特定の参加者による市場支配力行使の緩和を目的に実行さ
れるプロセスであり、3 回の SCUC 評価パスが必要となる。最初の
パス 1A は、元のビッドとオファーのセット（Base-Set）に基づき、
価格とスケジュールを決定する。第 2 のパス 1B は、入札価格の検証
（Conduct Test）で不合格となった札の価格を基準価格に置き換えた
入札セット（Ref-Set）を用いて、価格とスケジュールを決定する。
Base-Set と Ref-Set を用いた結果の差から、入札価格の影響が評価さ
れる（Impact Test）。第 3 のパス 1C は、両テストを基に緩和
（Mitigation）されたビッドとオファー（Mit-Set）を使用して、最終
的な価格とスケジュールを決定する。

❼履歴情報保持（Historical Information Retention）–監査の他、アー
カイブ、課金、会計報告に必要なデータが保存される。保存される
データには、前日市場発電計画検討結果、NYCA 外電力融通計画情報、
RTD で算出されたベースポイント値、設備停止計画情報、ゾーン別
限界価格、送電権情報、予備力・周波数制御実績要求量、及び、実際

のシステム状態が含まれる。

❽ OASIS：（NYISO Market Participant User's Guide[*3] 参照）

❾請求・会計システム（Billing & Accounting System：BAS）－ BAS 機能は、様々なサブシステムによって保存・生成されたデータを項目別に分類することで、決済明細を月単位で作成することができる。後続処理のために、全ての統合された課金情報は履歴情報保持システムに保存される。[*4]

❿停止スケジューラ（Outage Scheduler：OS）－ OS は、NYCA で予定されている定期点検その他による設備停止情報を確認するために使用され、既存計画の閲覧と伴に、停止計画を入力するユーザーインターフェースを提供する。[*5]

⓫自動発電制御（AGC）機能－ AGC は、発電設備のオンライン状態に関する SCADA データベース、発電時は自動電圧調整（Automatic Voltage Regulator：AVR）機器のオン／オフ状態、制御実績を監視する。[*6]

⓬インターチェンジスケジューラ（Interchange Scheduler：IS ＋）－ IS ＋は、エネルギー取引の監視機能を提供する。監視できる取引は、前日市場発電計画プロセスか、当日市場発電計画・発電指令プロセスのいずれかで受け入れられた取引である。このプログラムは、既存の取引情報をチェックすると伴に、セキュリティ問題に対処するために、当日市場で取引を調整する機能を提供する他、NYCA 内の DNI（Desired Net Interchange、本章第 1 節参照）を生成する。[*6]

⓭当日市場コミットメント（RTC）－当日市場向けの札は、前日市場計画が公開された後、各時間枠の 75 分前までに RTC へ提出できる。計画された前日市場取引と当日市場取引候補は総送電能力（Total Transfer Capability：TTC）の観点から、また、NYCA 外取引候補はその減分入札がもたらす LMP の経済性への影響の観点から、チェックを受ける（本章第 3 節参照）。[*6]

3.2.2　前日市場発電計画プロセス

　このセクションは、LMP を算出するための前日市場発電計画プロセスに焦点をあてる。前日市場発電計画プロセスにより、NYCA 外取引を含む前日市場計画が作成される。

（1）入出力

　主要入力項目は以下の通り。
・送電設備停止リスト
・天気予測
・負荷予測
・ファーム域外相対取引リクエスト（発電と需要に変換）
　相対取引は、電力投入地点の発電 Offer と電力引出地点の需要 Bid に分解されて処理される。
・運転予備力と周波数制御要求量
・前日市場向け発電入札データ
・前日市場向け負荷入札データ
・価格上限付入札データ
・ノンファーム域外相対取引リクエスト
・仮想発電・負荷入札データ

　解説　NYISO では、実送電を伴わない仮想発電・負荷の入札を市場活性化のために許容されている。仮想発電・負荷の入札は、前日市場で入札した仮想発電・負荷の入札を、リアルタイム市場で同一地点においてキャンセルする入札を行わなければならないことになっている。これにより、仮想発電・負荷の入札は、実送電には影響を与えないことになる。SCUC においてもそのような取り扱いがされている。

主要出力項目は以下の通り。
- 更新された総送電能力（TTC）
- ファーム・ノンファーム可用送電能力（ATC）
- 位相角調整機（PAR）フロー
- 前日市場制約（Limiting Constraints）
- 発電・負荷リソース、運用予備力、周波数制御、NYCA 外相対取引、入札負荷に関するコミットメント計画
- 運用予備力及び周波数制御の市場清算価格（Market Clearing Prices：MCP）
- LMP
- ゾーン別負荷予測

（2）SCUC の準備

次のサブセクションでは、SCUC の準備として実行される初期化プロセスについて説明する。

1）負荷予測

NYISO は、現在及び過去の天気履歴情報と、天気情報提供サービスから取得した天気予測データ、及び、負荷履歴データを取得した後、負荷予測プログラムを実行することで、SCUC での使用に向けた前日市場ゾーン別負荷予測結果を作成する。

2）送電設備停止計画の積み上げ

送電設備の停止計画は、EMS（Energy Management System）から送電設備停止計画を取得し、SCUC モデルに適用する。

3）発電設備の初期ステータスとコミットメントルール

自動発電制御システムは、現在の発電設備の運転開始・停止日時のリストを作成し、この情報は SCUC プロセスに使われる。SCUC の計算の開始に備えて、SCUC 入力プロセッサは発電設備の状態を更新する。

・設備ステータスの初期化

SCUC が翌日の実需給に向けて午前5時に初期化する際、前日市場へ入札する設備のステータスは、初期化時点でのそれぞれの運転モードを基準にする。一日前の前日市場スケジュールにおける残り時間において、運転モードの変更が予定される場合は、設備ステータスの修正が行われる。初期化時点における設備のステータスと SCUC が想定する運転モードが異なる場合、初期化時点の運転モードが採用される。

・起動時間（Startup Time）

起動－停止時間曲線か、事前通知時間のどちらかを SCUC に提出することができる。両方が提出された場合は、前者が後者に優先する。SCUC は午前11時に翌日の前日市場の結果を掲示する。

> **解説** 発電施設を NYISO に登録するときに、起動－停止時間曲線、起動する場合の事前予告通知の時間を登録しなければならないことになっている。

4)「マストラン」発電設備の発電計画の取り扱い

「マストラン」発電設備という取り扱いはない。発電設備が市場にスケジュールされる可能性を改善するためには、その発電設備が経済的入札曲線の底に位置するように低価格で入札されなければならない。

運転指令を希望する発電設備であっても、システム制約や信頼性規則により、スケジュールされない場合がある。例えば、発電設備群がある特定の負荷に対応するために最低出力で運転している場合、他の発電設備は、稼働している発電設備より経済的であっても、起動できない。また、ある発電設備が送電系統にセキュリティ上の影響を及ぼす場合、SCUC と RTC によってその設備はスケジュールされないか、出力を減らしてスケジュールされる可能性がある。

以下は、運転される可能性を高めるためのガイドラインである。

・起動コストをゼロで入札する

市場参加者は、市場情報システム（MIS）の発電設備入札画面における「起動コスト」欄に、ゼロドルと入力することができる。これにより、SCUCやRTCは起動コストを考慮しなくなる。

・最低出力の発電コストを安く入札する

SCUCとRTCは、それぞれの評価期間における総発電コストを最小化する。最低出力時の発電コストに小さい値を入力することで、そのユニットが経済的観点からスケジュールされる可能性は高まる。

・増分エネルギー費用を安く入札する

入札曲線は、対象ユニットにおける最低出力と最高出力の間で使われる。安い増分エネルギー費用で入札して発電計画に組み込まれれば、限界ユニットでない限り、より高いLMPを受け取ることができる。マイナス金額での入札も可能であるが、発電設備は運転するためにその金額を払うリスクを負う。

・Self-Committed Fixedモードで入札する

Self-Committed Fixedモードで入札することにより、システムセキュリティの範囲内で、その札に記載された出力レベルでディスパッチされる。その入札はユニットの稼働を保証することにはならないが、SCUCでコミットされる可能性は高い。しかしながら、そのモードで入札したユニットは、コスト曲線を提出する資格がなく、LMPが安くても発電計画に組み込まれる可能性がある。

5）発電設備の応答速度

市場情報システムで扱われる各発電設備は、最大五つの応答速度を指定することができる。エネルギー市場では三つの応答速度が使用でき、緊急応答速度は運用予備力の提供に、周波数制御量応答速度は周波数制御予備力の提供に使われる。

エネルギー及び緊急応答速度は、発電設備の総出力を最大3分割して指定できる。例えば、最低出力から50MWまでは0.2MW/分、51－150MWの範囲は8MW/分、151MWから最高出力点までは2.2MW/

分のように設定できる。三つの出力範囲と応答速度は、発電事業者の裁量で決められ、発電事業者の責任となる。しかし、設定する応答速度は設備能力の範囲内である必要があり、設備能力を基に ISO Tariff にて規定されている応答速度と異なる応答速度は、NYISO によってチェックされる。SCUC と RTC プログラムは、それぞれの MW セグメントにおける応答速度を使用する。

　周波数制御入札においても、提出された札の内容とその設備に規定された応答速度とが整合しなければならない。例えば、周波数制御入札容量を 30MW としたとき、その設備は 5 分間隔の RTD に対して 6MW/ 分の応答速度を発揮しなければならない。周波数制御量応答速度は、エネルギーまたは緊急応答速度の最も遅い速度よりも遅くてはならない。

6）DARU（Day Ahead Reliability Unit）のコミットメント

　送電所有者は、各地域系統の信頼性ニーズを満たすために必要な追加リソースの約定を NYISO へ要求する。このような送電所有者からの要求や州をまたがる信頼性に関する必要性に基づき、NYISO が単独で約定する設備は、DARU と呼ばれる。

　前日市場でこれらのリソースを約定することは市場閉鎖後にリソースを追加するよりも効率的なため、送電所有者は、前日市場閉鎖前の午前 1 時までに、NYISO にその必要性を通知する必要がある。SCUC は、経済性の観点からその発電設備を評価し、経済的であれば DARU とは見なさずに約定するが、経済的でない場合、NYISO によって DARU として約定される。

　送電所有者は、前日市場に DARU の要求を出した時点で、その理由、期間、対象設備を NYISO へ提供しなければならない。加えて、5 営業日以内に、対象地域の負荷レベルや制約内容（送電設備の熱的制約か変電設備の電圧制約か、事前対応か事後対応か、送電設備や発電設備に重大な影響・停止をもたらすか）等に関する詳細を記載した文書の提出が求められる。NYISO は、提出された要求に伴う結果に対し

て、NYISO の料金規定やニューヨーク州の信頼性規則の観点からレビューする。

7）位相角調整機の稼働計画

位相角調整機（PAR）は、SCUC で次のように計画される。

1．下記2、3に記載されている条件を除いて、SCUC に入力される前日市場の PAR 計画は、過去の類似日における NYCA 内または隣接する各 PAR の計画と一致させる。

2．PAR の計画変更が予想されている場合、または PAR 運用に影響を及ぼす設備停止が計画されている場合、SCUC に入力される PAR 計画は、公表されている契約及び／または運用手順に従って修正される。

3．NYISO の運用管理下にあると指定された PAR は、他のリソースとともに SCUC によって最適化される。この最適化により、混雑エリアへのエネルギー供給を緩和するよう、PAR の元計画が調整される。

（3）SCUC の実行

SCUC 機能は、前日市場の第一次決済（First Settlement）に向け、発電設備のコミットメント（約定）計画、予備力と周波数制御市場の計画、ファーム取引の計画、これらの基礎となる LMP の算出に使用される。

1）SCUC のステージ

SCUC の狙いは、以下の各項目の総コストを同時に最小化する計算アルゴリズムを使用して、発電計画を作成することである。

1．前日市場で購入される全てのエネルギー需要を満足する電力の供給

2．全てのエネルギーの供給を支援する、十分なアンシラリーサービスの提供

3．予測負荷（需要及び損失）、地域信頼性規則要求を満たし、かつ、

関連するアンシラリーサービスを提供するために十分な設備容量の確保

4. 前日市場に提出された全ての相対取引計画の実現

図3－15にSCUCの各ステージと流れを示す。上記の要件を満たすために、SCUCアルゴリズムは、二つのセキュリティ制約付きコミットメントパス（パス#1、パス#2）と二つのセキュリティ制約付きディスパッチパス（パス#4、パス#5）が順次実行される複数パスプロセスとして設計されており、入札負荷だけでなく（パス#1、パス#5）、予測負荷（パス#2、パス#4）も満たす発電計画が作成される。

パス＃1－入札負荷、仮想負荷、及び、仮想供給を用いたコミットメント

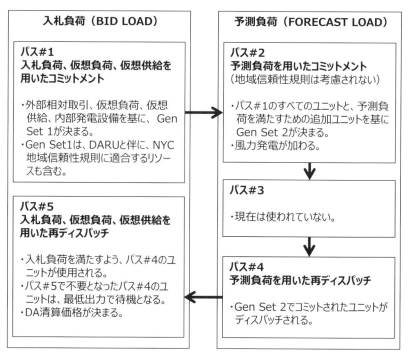

図3－15　SCUC複数パスソリューションプロセス

SCUC の最初のパスは、大量送電システムの信頼性を確保しながら、仮想供給を差し引いた入札負荷（物理及び仮想）を満たすために、DARU を含む発電設備の約定と発電計画を作成する。評価結果は、NYISO 向けに設定された通常の偶発的事象セットを満たしているため、モニターされている設備が過負荷になることはない。また、そのプログラムは、地域信頼性規則が想定している偶発的事象に対しても、モニター対象施設の安定性を確保する。

　この約定プロセスにより、セキュリティ分析に基づく再コミットメント、再ディスパッチを含む、自動修正（AMP）が行われる。この修正プロセスは、結果が収束するまで、反復実施される。

解説　SCUC のパス＃１で再ディスパッチ等が行われることにより、LMP の価格差が生じることになる。ここでは、入札された実取引にのみに基づき、送電制約を考慮した約定案が作成される。市場選択によるコストの安い発電 Offer が送電制約により使えない場合に AMP のプロセスの中で送電制約違反が解消されるまで代替 Offer への切り替えが反復実施されるという SCUC の中心的な機能が実施される。

パス＃２－予測負荷を用いたコミットメント

　次のパスは、予測負荷を満たすために必要な追加設備を約定する。＃２では、入札負荷（物理及び仮想）と仮想供給は考慮されない。このパスの初めに、パス＃１で選択された設備が約定や発電指令されなくならないように、発電設備の制限や約定状態の修正が行われる。パス＃２においても送電信頼性の確保は確認される。

解説　パス＃１では、入札された実取引が取り扱われたのに対して、パス＃２では需要予測に基づく約定案と発電計画が作成される。入札された需要 Bid が、翌日の需要を正確に反映してい

ない可能性があるので、気象予測や過去の需要傾向等に基づき
NYISO は翌日の時刻毎の需要予測を行い、これによる約定、発
電計画を作成する。この場合、パス＃1で約定された設備が外
されることがないように必要な修正が加えられる。

パス＃3－将来の使用ために確保しているパス

パス＃4－予測負荷を用いた再ディスパッチ
　パス＃4では、パス＃2で約定された発電設備セットに対して、元
のエネルギー入札を使用した出力調整が行われる。この発電計画は、
負荷予測を満たし、かつ、パス＃2のコミットメントで考慮された制
約を満たす。このディスパッチでの設備容量（エネルギー＋30分予
備力＋周波数制御予備力）は、経済的ディスパッチに向けた予備力量
予測の計算に使用される。各潮流は、送電事業者のレビューに使用さ
れる。

パス＃5－入札負荷、仮想負荷、仮想供給を用いた再ディスパッチ
　パス＃5において、最終発電指令は、入札負荷、仮想負荷及び仮想
供給（仮想供給は負の仮想負荷として扱われる）を満たすように決定
され、パス＃1で生成された制約セットを満たすものになる。予測パ
スで選択されたクイックスタート設備は、前日市場では発電計画に組
み込まれない。

　解説　パス＃5では、入札負荷、仮想負荷、仮想供給を満たす
ように発電計画が作成される。したがって、パス＃4で発電計
画に追加された入札需要と予想需要の差に対応する発電施設は、
ここでは発電指令の対象から外され、予備力として待機状態の扱
いとなる。

FRED（Forecast Required Energy for Dispatch）

FRED は、前日市場では入札されなかったものの、NYISO が予測した NYCA 内負荷を満たすために必要となるリソースを表す。各時間において、FRED は、予測負荷から前日市場の NYCA 内入札負荷の総和と輸入電力量を差し引いたものと等しくなる。

前日と当日のエネルギー市場に入札するすべての供給者は、自動的に FRED の資格が付与される（それぞれ、前日 FRED、補助 FRED）。前日 FRED は、SCUC によって選ばれる。FRED 供給者は、入札起動価格と最低出力価格の回収が保証され、リアルタイム市場でエネルギーを提供した場合は、その分の LMP が支払われる。

2）SCUC のコンポーネント

SCUC 機能は、以下の主要コンポーネントで構成されている。

①初期ユニットコミットメント（Initial Unit Commitment：IUC）

IUC 機能は、入札／掲示システムからの負荷と発電の入札データ、AGC からのユニット状態データ、現時点の計画データ、予測負荷から、初期の制約無しユニットコミットメントスケジュールを計算する機能である。

②ネットワークデータ準備（Network Data Preparation：NDP）

NDP 機能は、潮流計算における初期条件と様々なパラメータを設定するための自動化プロセスを提供し、潮流計算により各ケースを検証する機能である。問題なく計算が終了したケースに限り、解が受け付けられる。

③ネットワーク制約付きユニットコミットメント（Network Constrained Unit Commitment：NCUC）

NCUC 機能は、対象期間の発電スケジュールを計算し、ユニットコミットメント制約とネットワークセキュリティ制約の両方が満たさ

れていることを確認する機能である。NCUC コントローラが、初期条件を取得し、DC セキュリティ分析（SA）とユニットコミットメント（UC）を実行する。SA では、発電スケジュールに影響を及ぼす偶発的事象の影響を評価し、UC では、制約に従い、かつ、総入札コストを最小化する発電リソースと負荷のスケジュールを計算する。

UC で考慮される費用には、発電（送電損失分を含む）、起動、周波数調整力、および、予備力の費用が含まれる。制約としては、要求発電量、要求予備力量、発電設備の運転範囲、発電設備の最小起動・停止時間、1 日当たり最大ユニット停止回数、送電制約、取引スケジュールが含まれる。UC は、制約を解消する解が得られるまで時間単位の計算を繰り返し、解が得られない場合は、その原因を報告する。

3) SCUC の入力

①発電入札

発電入札は、増分エネルギー、最低出力、起動コスト、予備力コストで構成される。

・運転入札 – 発電設備の増分エネルギー入札は、出力に対して単調増加する階段状のコストカーブでモデル化される。最大 12 セグメントで構成され、最初のセグメントは最低出力でのコストとなり、軸切片となる無負荷コスト（No-load cost, $/hr）と勾配（$/MWh）によって定義される。11 の増分エネルギーセグメントは、MW 点と勾配のペアで定義される。日によって異なる曲線を入力することができる。

・起動入札 – 起動入札は、発電設備が起動前にオフラインになっていた時間と入札価格に関する区分線形線によって与えられる。日毎に異なる値を入力することができる。

・予備力入札 – 周波数制御に貢献する全ての設備の入力は、周波数制御向け利用可能容量（MW）、周波数制御向け容量コスト（$/MW）及び、周波数制御向け稼働コスト（$/MW）によって与えられる。

・オフライン及び発電指令への対応ができない発電設備の場合、予備力入札は、予備力利用可能費用（$/MW）によって与えられる。

異なる予備力タイプやオフライン・ディスパッチ不可能な発電設備
による予備力に応じて、異なるコストを適用できる。

②起動・停止制約

複数シャットダウン制限（Multiple Shutdown Limits）は、ある発
電設備が、決められた24時間の間にシャットダウンできる回数を規
定する。発電設備が利用できなくなった際の停止は、複数停止制限制
約にはカウントされない。0から9の値を設定できる。

③デリバリーファクター（Delivery Factor）

SCUCは、セキュリティ分析（SA）モジュールを使用して、コミッ
トメント期間の各タイムステップにおけるデリバリーファクターを生
成する。各時間ステップのデリバリーファクターは、当該期間にお
けるネットワークの状態とUCからの発電ディスパッチを反映してい
る。

> **解説** デリバリーファクターとは、LMPの限界損失項の計算に
> 使用される値であり、参照バスにおける需要増分ΔDと、ある
> バスiにおいてΔDを供給するために必要な発電増分ΔGiとの
> 比（ΔD/ΔGi）として表される。

④送電損失

エネルギーが発電源から負荷地へ流れるにつれて電力損失が発生
するため、発電設備は追加の発電が必要になる。SCUC、RTC及び
RTDは、送電損失に関して同じ処理を採用しており、送電損失は、
潮流計算の一部として、各時間インターバルで、かつ、NYCA内の
11の負荷ゾーンのそれぞれにおいて計算される。

前日市場と当日市場の負荷予測は需要のみを想定しており、全ての
発電計画または発電指令に向け、送電損失計算が予測負荷に追加され
る。損失を加えた予測負荷を基に、供給リソース要求量が決める。

⑤予備力

予備力は、周波数制御予備力、10分間瞬動予備力、10分間予備力（10分瞬動予備力を含む）、運用予備力（10分間予備力と30分間予備力を含む）で構成される。オンライン発電設備のみが、周波数制御予備力及び瞬動予備力に参加することができる。周波数制御に利用可能な容量は周波数制御の応答速度により決まり、瞬動予備力は10分間の発電設備応答速度によって決定される。オンラインとオフラインの発電設備の両方が、10分間と30分間の予備力に参加できる。

4）アンシラリーサービス需要曲線

SCUCとRTSの両方で使用されるユニットコミットメント及びディスパッチモジュールは、アンシラリーサービスの不足分と価格の関係を表す需要曲線を利用する。需要曲線を決める以下の値を用いて、予備力と周波数制御の要求量に対する価格が設定される。

解説 米国のシステムでは、各種の調整力とエネルギーをISO等の設ける電力市場で同時に調達し、SCUCで同時最適・コスト最小化を図る。欧州の電力システムでは、エネルギー市場の処理と調整力市場の処理が、場所、運営者、時点も異なるが、米国では一括処理して調整力も含めて最小コスト化を図っている。このため、発電施設のOfferの入力に際してもこれらの項目を一括して入力できるようになっている。

表3−6　NYISOのアンシラリーサービス需要曲線

対象地域	アンシラリーサービスの種類	必要カーブ	
		量［MW］	価格［$／MW］
NYISO 制御エリア全体	周波数制御予備力	25.0 まで	25.00
		80.0 まで	525.00
		それ以上	775.00
	瞬動予備力	全て	775.00
	10 分予備力	全て	750.00
	30 分予備力	300.0 まで	25.00
		655.0 まで	100.00
		955.0 まで	200.00
		それ以上	750.00
東ニューヨーク （Eastern New York：EAST）	瞬動予備力	全量一定	25.00
	10 分予備力	全量一定	775.00
	30 分予備力	全量一定	25.00
東南ニューヨーク （Southeastern New York：SENY）	瞬動予備力	全量一定	25.00
	10 分予備力	全量一定	25.00
	30 分予備力	全量一定	500.00
ニューヨーク市 （New York City：NYC）	瞬動予備力	全量一定	25.00

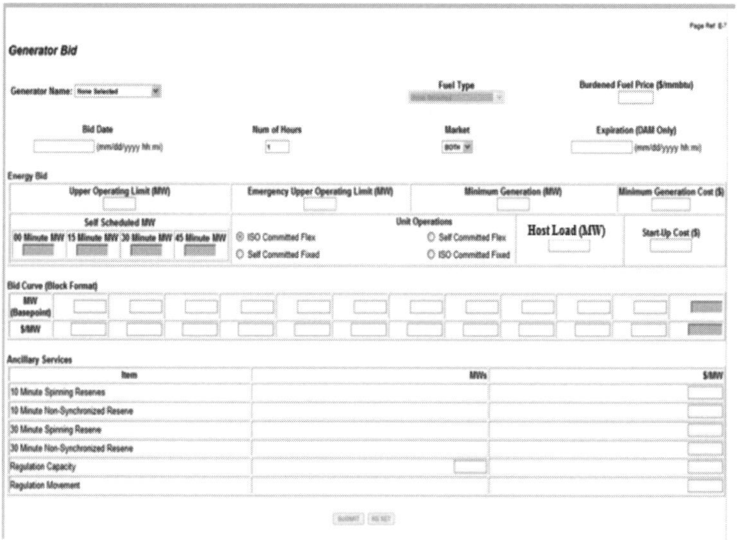

図3−16　発電設備入札画面例

5）送電制約の値付け

特定の設備におけるそれぞれの制限を適切に評価するために、前日市場と当日市場の両方に段階的な価格が設定され、特定の設備以外の設備については、単一の価格が適用される。

①制約信頼性マージン（Constraint Reliability Margin：CRM）

CRM は物理的上限値以下の有効上限値であり、全ての送電設備及びインターフェースに適用され、SCUC、RTC、RTD で使用される。NYISO は全ての送電設備およびインターフェースにゼロまたはゼロ以外の CRM 価を割り当てており、関連リストは NYISO ウェブサイトから入手できる。[7]

②送電制約の価格付けロジック

送電容量不足の場合、以下の価格設定ロジックが適用される。

1．CRM 値が非ゼロの全ての送電設備及びインターフェースに、三段階的の送電需要曲線が適用される。5MW までの追加容量が350$/MWh、15MW の追加容量が 1,175$/MWh となる。最後のステップは、20MW を超える不足分に 4,000$/MWh が適用される。

2．CRM 値がゼロの全ての送電施設及びインターフェースには、単一の 4,000$/MWh が適用される。

表3-7　段階的送電需要カーブ

設備タイプ	追加する送電容量	価格
CRM 値が0 以外の設備	〜5MW	$350/MWh
	5〜20MW	$1,175/MWh
	20MW 以上	$4,000/MWh
CRM 値が0 の設備	すべて	$4,000/MWh

6）制約の解消

ユニットコミットメント計算においてリソース制約（システム発電要求、予備力、送電等）を解消する解が得られない場合、SCUC は、①周波数制御・予備力制約、②送電制約、③ NYCA 外電力融通制約、

④システム需要、の順序で制約を緩和する。加えて、発電設備の制約
（最低・最高出力、最小起動・停止時間制約、停止回数制約、及び、
出力変化速度制約）によっても有効な解が得られない可能性があり、
SCUC は、最低出力制限と停止回数制限の順番に緩和する。SCUC が
セキュリティ制約を満たすことができない場合、NYISO は、緊急運
転上限出力での発電設備のディスパッチや、計画停止のキャンセルや
再計画等の是正措置を講じなければならない。

（4）相対取引評価

相対取引のスケジューリングと抑制に関する詳細は、NYISO
Transmission & Dispatching Operations Manual[*6] に記載されている。

1）ファーム相対取引

NYISO 域内のファーム相対取引は、SCUC に組み込まれ、自動的
に承認される。域外との相対取引は、他の管理エリアと照合したうえ
で、承認または拒否される。全ての取引の結果は、入札／掲示システ
ムに掲載される。

2）ノンファーム相対取引

ノンファーム取引は、前日市場の SCUC では評価されず、SCUC
計算後の混雑データを用いた選定プログラムにより評価される。前日
市場では "Advisory Accepted" までのビッドステータスとなり、当
日市場の評価を経て "Bid Accepted" となる。その評価には、NERC
プロダクトレベル（1 から 6 まで）、タイムスタンプ（提出順に評価
される）、混雑費用、ATC が考慮される。ノンファーム域外取引は、
加えて、電力融通時の最大時間当たり変化量も評価され、隣接する管
理エリアの承認が必要となる。

解説　混雑費用とは、電力引き出し地点の LMP と電力投入地
点の LMP の差額のことを言う。LMP の差額は、送電混雑により、
市場選択よりもコストの高い発電施設からの振り替え送電（Re-

dispatch）により発生するので、混雑費用を払わないということ
は、振り替え送電コストを払わないということに相当する。した
がって、混雑料が発生するような状況下では、ノン・ファーム相
対取引の送電は打ち切られることになる。この場合、必要な電力
は需要側が電力引き出し地点からリアルタイム市場で必要な電力
を購入するか、または、発電側が同様に電力引き出し地点からリ
アルタイム市場で必要な電力を購入して需要側に引き渡すことに
なる。

参考文献：

[*1]　NYISO, Manual 11 Day-Ahead Scheduling Manual, Version: 5.0
（07/09/2019）

[*2]　https://nyisoviewer.etariff.biz/ViewerDocLibrary/MasterTariffs
/9FullTariffNYISOMST.pdf

[*3]　NYISO, Guide 01 Market Participants User's Guide, Version: 10.1
（12/17/2018）

[*4]　NYISO, Manual 14 Accounting and Billing Manual, Version: 5.0
（09/26/2019）

[*5]　NYISO, Manual 29 Outage Scheduling Manual, Version: 4.9
（05/03/2019）

[*6]　NYISO, Manual 12 Transmission and Dispatch Operations
Manual, Version: 4.4（9/27/2019）

[*7]　https://www.nyiso.com/power-grid-data

3.2.3　発電日の前日市場インターフェース

（1）電力融通計画インターフェース

　前日市場（Day-Ahead Market）及び当日市場（Real-Time Market）での取引に関連した情報を入力、変更、削除するインターフェースとして、IS＋（Interchange Schedule）が準備されている。この IS＋で扱う情報は、1）顧客（Customer）、2）契約（Contract）、3）取引（Transaction）、4）取引分類（Transaction Segment）、5）取引クラス（Transaction Class）、6）顧客契約（Customer Contract）、7）NERC Tag[5] である。

1）ユーザーインターフェース

　IS＋は顧客利便性を考慮し、パソコン上で利用可能なインター

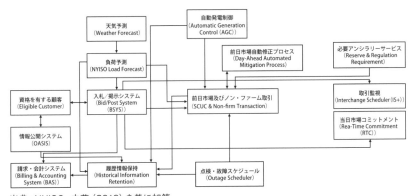

出典：NYISO、内藤（2019）を基に加筆

図3-17　前日市場のデータフロー全体図

5）NERC Tagとは？
　全ての取引に対して付与されるタグ（Tag）であり、各取引は重複しない唯一のタグを付与される。このタグに含まれるのは、1）発電管理エリアコード（Source (Generation) Control Area）、2）PSE（Purchase and Selling Entity：購入・売却実態）コード、3）個別取引識別子（Unique Transaction Identifier）と呼ばれる7桁のコード、4）Sink (Load) Control Are コードの四つである。付与されるタグは少なくとも一年間は重複をしない。

フェースを準備している。市場参加者はそのインターフェースを使って、取引履歴（Transaction Chronology）・取引属性（Transaction Attributes）・現在実行中の取引（Currently Active Transaction）などの情報の入力及び閲覧が可能である。

2）機能インターフェース

IS ＋はサブシステムとして、機能インターフェース（Functional Interfaces）も準備されている。

・AGC（Automatic Generation Control）は、NYISO 管理区域の（Net Scheduled Interchange Value）計画準電力融通量を IS ＋から入手する。

・履歴情報保持システム（Historical Information Retention）では、IS ＋に関連した全ての情報がアーカイブ化され、保存される。

・当日市場評価（Real-Time Market Evaluation）

SCUC（Security Constrained Unit Commitment）機能は前日市場プロセス（Day-Ahead Process）において約定した発電計画を Bid/Post システムを通じて RTC 機能へ送る。RTC 機能は、Bid/Post 機能を通じて IS ＋機能へ約定した発電日（Operating Day）取引計画を送る。最終の NYISO 管理区域と近隣 CA のための最終電力融通要求（Desired Net Interchanges）は、IS ＋機能から RTD（Real Time Dispatch）機能へ Bid/Post システムを通じて送られる。

（2）発電計画インターフェース

SCUC 機能は、前日市場において約定した発電計画を Bid/Post システムへ送り、発電日（Dispatch Day）にさらに RTC へ送る。

（3）アンシラリーサービス計画インターフェース

SCUC 機能が約定した 1）出力調整（Regulation）、2）瞬間予備力（Spinning Reserve[6]）及び 3）非瞬間予備力（Non-spinning Reserve）

のアンシラリーサービスの計画を前日プロセスから Bid/Post システムに送る。アンシラリーサービスは当日市場計画システムソリューション（Real-time Scheduling Systems Solutions）の一部として再度検討され、承認されたアンシラリーサービスは Bid/Post システムへ送られる。

3.2.4　NYISOの負荷予測プロセス

（1）負荷予測概要

　NYISO は、負荷予測機能（Load Forecast Function）を利用して、各 11 カ所の NYCAZ（New York Control Area Zones）及び全体に対して 1 時間単位で電力需要予測[7] を行っている。需要予測機能は、先進的人工ニューラルネットワーク（Advanced Neural Network）及び回帰（Regression）タイプの予測モデルの組み合わせで負荷予測を行う。負荷予測機能は、過去の負荷及び天気情報（気温、露点、雲の比率、風速を含む）を用いて、予測モデルの開発を行う。このモデルを用いて、当日及び 6 日間の予測を午前 8 時まで、もしくは需要予測が合理的であるとされたときに NYISO のウェブサイトに掲載する。

（2）負荷予測機能

負荷予測機能は、三つの機能で成り立っている。
・負荷予測モジュール（Load Forecast Module）
・負荷予測トレーニングモジュール（Load Forecast Training Module）
・負荷予測機能インターフェース（Load Forecast Functional Interfaces）

6）10分以内に発電量を増やすことができる。
7）ただし、送電ロスは含まない。

1）負荷予測モジュール

　負荷予測モジュールは、後述する負荷予測トレーニングモジュールで過去のデータなどを用いたトレーニングで強化したモデルに対して、1）最近の電力負荷量、2）直近1時間の電力負荷、3）予測期間の天気予報を導入することで電力需要予測を行う。予測する電力需要であるが、RTS（Real Times Schedule）向けの5分前電力負荷とSCUCに対しては現在及び6日間までの1時間単位での電力需要の予測を行う。

2）負荷予測トレーニングモジュール

　負荷予測トレーニングモジュールでは、各NYCAZ及びNYISO管理区域全体に対する負荷予測モデルを構築する。各曜日及び各天候によって規定されたシーズン毎に一つの負荷予測モデルが準備される。4季節まで認められ、この負荷予測トレーニングモジュールはニューラルネットワークのトレーニングのために必要となるパラメーターの選択及び準備を行う。

　負荷予測トレーニングモジュールは、各NYCAZの4年分までの1時間単位の電力負荷データ及び天候データを必要とする。負荷カーブ（Load Curve）の各シーズン間の形状の違いを考慮して、過去のデータを天候によって特徴つけられたシーズンの境界を決定する。負荷予測トレーニングモジュールは、負荷予測モジュールのトレーニングのための過去のデータの全てもしくは部分的選択を行う。負荷予測モデルのトレーニングは、プログラムの中にある指定されたマクロを実行することで自動的に行われる。

3）負荷予測機能インターフェース

　負荷予測機能インターフェースでは、負荷予想モジュールとNYISOのアプリケーション間でどのように実用的な電力融通のデータの連携が行われているのかを概説する。既に解説したように、負荷予測モジュールでは、NYISO全体及び各地域の電力負荷の予測を行う。その予測された情報は、OISR（Orade Information Storage and

Retrieval）システムに保存される。その保存された最新の情報を市場情報システム、SCUC 及び RTS（Real Time Scheduling）は取り出すことができる。

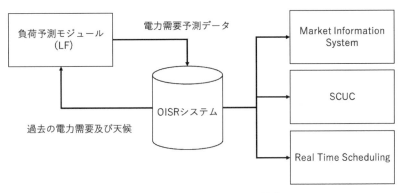

図3-18　OISRシステムの流れ

（3）負荷予測ユーザーインターフェース

NYISO の需要予測はゾーン単位であり、NYISO エネルギー市場オペレーション担当者（NYISO Energy Market Operations Personnel）によって行われる。最初の負荷予測は、各日、発電日（Dispatch Day）の前に、SCUC を初期化する前に実施される。このとき、発電日及びその後の6日間の合計168時間までの予測が行われる。

NYISO は午前8時までもしくは、需要予測が合理的であるとされたときに、電力負荷予測を OASIS（Open Access Same-Time Information System）に掲載する。

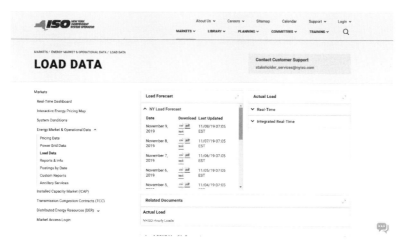

出典：NYISO ウェブサイト、2019年11月9日アクセス　https://www.nyiso.com/load-data

図3−19　NYISOの負荷予測の公表

【参考】NYISO の負荷予測の結果

　NYISO 全体の負荷予測及び各 NYCAZ の負荷を示す。ここに示すのは、2019 年 11 月 9 日分である。最終変更は 2019 年 11 月 8 日午前 7 時 5 分であり、前日の午前 8 時までには予測値が公表される。

【解説】NYCAZ とは？

　NYCAZ は、New York Control Area Zones の略であり、A ～ K の 11 の需要ゾーンに分かれている（IEA, 2016）。

【予測モデルに関して】

　ここでは、NYISO の負荷予測モデルに関して解説を加える。NYISO の負荷予測モデル（Load Forecasting Model（LFM））の最も重要な目的の一つは、当日市場に向けて前日市場の時間単位での電力負荷を 11 の地域及びＮＹ全体について算出することである。発電設備によっては、完全操業までに時間が必要であるため、翌日のみならず 6 日後までの電力負荷の算出も重要な役割である。

LFM の特徴的な点は、伝統的な回帰手法ではなく、人工ニューラルネットワーク（Artificial Neural Network（ANN））を活用している点である。ANN はモデルを教育することで必要となるパラメーターの推計を行う。

　電力需要予測には、その日が週末なのか平日なのか、どのシーズンであるのかという、日にちの属性は当然重要であるが、天候や経済状況などの外部から入力するデータも負荷予測に影響を与える。

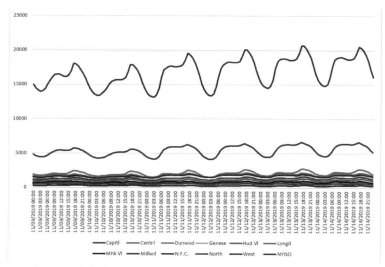

注：2019年11月9日分（最終変更は2019年11月8日）

図3-20　NYISO全体及び各NYCAZの負荷予測

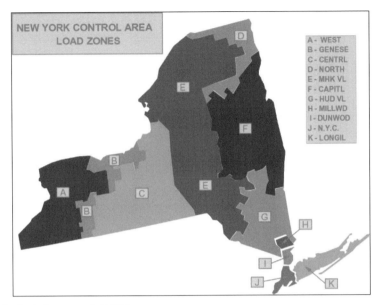

出典：Bartholomew et.al.（2003）
http://citeseerx.ist.psu.edu/viewdoc/download?doi=10.1.1.198.9600&rep=rep1&type=pdf

図3−21　NYCAZ

　天気は翌日及び6日後までの電力需要に最も影響を与える因子であ
る。天気予報は17あるウェザーステーションの情報を11ある各地域
に振り分けて、統合した情報を作成する。図表は、各地域のステーショ
ンの重みづけを示している。

　経済データは、中長期の電力負荷に影響を与える。経済データは、
メトロポリタンエリア及び国全体で雇用に関しては月レベル、その他
の情報は四半期や年単位での情報である。非常に情報の更新が緩やか
であるため、短期間では変化なしとして扱う。

【参考】ANN の予測正確性

　ANN を用いた負荷予測の正確性については Raza ら（2015）によっ
てまとめられている。その一部を以下の表に示す。MAPE とは平均
絶対パーセント誤差であり、実際値に対する予測値の誤差（％）の平

均を示すものである。祝日や休日はイベントなどにより急な電力使用が存在する場合があるため MAPE は大きいものとなりやすい。多くの研究で ANN を用いた負荷予測の MAPE は 3% 以内となっている。

表3−8　各地域の天候に用いられている天気予報ステーション

地域（Zone）	ステーション	重みづけ
A−WEST	Buffalo	91%
	Elmira	5%
	Syracuse	4%
B−GENESE	Elmira	5%
	Rochester	85%
	Syracuse	10%
C−CENTRL	Binghamton	23%
	Elmira	14%
	Syracuse	55%
	Watertown	9%
D−NORTH	Pittsburgh	100%
E−MHK VL	Binghamton	20%
	Massena	17%
	Monticello	13%
	Utica	35%
	Watertown	15%
F−CAPITL	Albany	76%
	Binghamton	3%
	Plattsburgh	5%
	Poughkeepsie	6%
	Utica	10%
G−HUD VL	Newburgh	68%
	Poughkeepsie	27%
	White Plains	4%
	Albany	2%
H−MILLWD	White Plains	100%
I−DUNWOD	White Plains	100%
J−N.Y.C	JFK	21%
	LGA	79%
K−LONGIL	Islip	100%

出典：NYISO, Day-Ahead Scheduling Manual, October 2017

表3－9　ANNを用いた電力負荷予測の平均絶対パーセント誤差

年	著者	電力負荷予測日	MAPE
2001	HwangK-J, KimG-W	全て	1.86%
		平日	1.64%
		休日	2.00%
2001	Amjady N	祝日	1.98%（最大）
2002	Saini L, Soni M	－	2.87%
2009	Jain, Rauta	土曜日	0.99%
		日曜日	1.54%
		月曜日	0.61%
		金曜日	0.48%
2013	Hooshmand et al.	－	1.7%（最大）

3.2.5　SCUCの実行

（1）SCUC

SCUC（Security Constrained Unit Commitment）は、前日市場を約定するための中心的機能を有する。市場参加者は、前日の午前5時までに、時間単位で発電容量及び価格の入札を行い、入札が閉じたのちSCUCは、総費用最小化を目的関数とし、発電計画を作成する。

（2）SCUC の実行アクション

実際には、SCUC の実行は、以下のプロセスを経て実行される。

1）市場情報システムの情報を収集
2）EMS（Energy Management System）/ 当日市場（Real Time）サーバーからのデータを転送
3）SRE（Supplemental Resource Evaluation）の実施
4）SCUC（Security Constrained Unit Commitment）の実行
5）結果のレビューと分析
6）Bid/Post System Box へ SCUC で約定した発電機、取引、価格

を転送

7）SCUC 結果の保存

　・結果のアーカイブ化

　・次回の SCUC 歴史動作（History Run）

　・粒度に関する議論（Dispute Resolution Purposes）

3.2.6　信頼性予測

（1）信頼性予測要求

SCUC プログラムでは、システムの操作（Operation）は、Bid 情報をベースに発電日（Dispatch Day）に対して最適化される。

NYISO は電力システム安定化のためにも、電力需要を満たす十分なリソースを有する必要がある。そのために、NYISO は以下のアクションを実施することで、信頼性担保を行う。

1）NYISO は、翌日〜7 日目の電力需要ピーク予測を行い、電力需要を満たすための適切な発電予備力（Reserve Margin）を確保する。

2）確保可能な発電容量の予測を行う。同時に外部からの電力調達量の算出を行う。

3）ピーク電量負荷と必要となる予備力の合計は NYISO が確保できる発電容量を超過する場合、NYISO は追加の発電容量の確保に責任を持つ。

4）信頼性規則（Reliability Rule）に則りつつ、予測ピーク電力負荷及びアンシラリーサービスを満たすための発電施設とその発電準備タイミングの選択は、発電準備時間及び最低入札発電費用の最小化条件で発電計画を行う。

5）翌日〜7 日目において十分な発電予備力の決定において、NYISO は通常必要となる予備力を確保するために、ユニット参加（Unit Commitment）分析では、ガスタービンなどの短時間で発電準

備ができるユニットが最大出力で発電していると仮定し、出力抑制への対応を可能とする。

（2）信頼性責任

NYSIO管理区域での発電容量、予備力、電力融通及び負荷を保証するため、NYISOは以下のアクションをとる。

1）前日市場で予測された負荷及び予備力を満たすために十分な発電容量及び予備力を決定する。

2）軽負荷要求（Light Load Requirements）に対して十分に制御マージン（Regulation Margin）を有することを示す。

3）前日市場の取引計画に関して調整（Coordinate）、検証（Verify）及び確認（Confirm）を行う。

4）条件が正当化された場合、NYISO管理区域での不慮の電力融通を回収する計画を調整する。

5）外部電力融通計画の変化がNYISO管理区域での制御パフォーマンスへ悪影響を与える時間帯を特定し、それに合わせて取引を調整する。

市場参加者も以下のアクションを行わなければいけない。

1）予定していた発電及び送電に関する稼働停止に際して、NYISO Outage Scheduling Manualに則って、NYISOに報告を行う。

2）NYISOのセキュリティ（Security）、能力（Capability）、発電計画変更（Schedule Change）及びlight load（軽負荷）problemsの指示に対して対応を行う。

（3）不十分な入札の扱い

NYISO管理区域の電力負荷を十分に賄えるだけの発電容量を確保できなかった場合及びNYISO管理区域において十分なリソースを有するための対応を以下に示す。このためには、多様な対応が、不十分なBid問題の発生・経験を軽減するのに役に立つ。NYISOは、さら

表3−10　信頼性評価（例）

Assessment	MW Capacity
NYISO 管理区域に導入されている発電容量 （NYCA Installed Capacity（ICAP））	30,000MW
メンテナンス予定による稼働停止 （Less Scheduled Maintenance Outages）	（3,000MW）
予測される稼働できない発電容量 （Less Forecast Unavailable）	（4,000MW）
純発電可能能力 （Net Operating Capability）	23,000MW
予測される NYISO 管理区域のピーク負荷 （Less Forecast NYCA Peak Load（including Firm Energy Exports））	（20,000MW）
純運用予備力 （Net Operating Reserves）	3,000MW
要求される運用予備力 （Less Required Operating Reserves）	（1,800MW）
運用予備力余剰（不足） （Operating Reserve Surplus（Deficiency））	1,200MW

出典：NYISO, Day-Ahead Scheduling Manual, October 2018

なる Bid の募集及び追加 Bid の再評価を行うに十分なリードタイムを持ちつつ、Bid の不十分を特定する能力を有する必要がある。

　前日市場において十分な供給力を確保できていないことが分かった場合、NYISO はさらなる Bid の要求を行う。この情報は、NYISO のウェブページの目立つ場所に示す。さらなる Bid の募集を行った後も、十分な発電量を確保できない場合、十分な発電量は入手できないことを意味する。この場合、外部の緊急電源の確保、予備力の活用（Shared Activation Reserve）及び負荷抑制（Load Curtailment）といった緊急対策を行う。

　NYISO は十分な発電量を有しているかに関して、信頼性評価（Reliability Assessment）を実施する。**表3−10** にその例を示す。

　まずは、NYISO 管理区域に導入されている発電容量（ここでは 30,000MW）から、メンテナンス予定の稼働停止（3,000MW）と予測される稼働できない発電容量（4,000MW）を引いたものが、純発電

可能能力である（23,000MW）。この容量から、予測される NYISO 管理区域でのピーク負荷（20,000MW）を引いたものが、純運用予備力（3,000MW）である。要求される運用予備力（1,800MW）を引いたものが運用予備力余剰（1,200MW）となる。

（4）信頼性評価プロセス

　NYISO は継続的に、NYISO 管理区域の信頼性の再評価を行う。信頼性評価プロセスは異なる時間軸で実施される。

　①年間信頼性

　NYISO は年間ベースで NYISO 管理区域における電力負荷に対して十分な発電容量を確保していることに責任を持つ。発電事業者は、NYISO のメンテナンス時期の調整を順守し、発電機のメンテナンス計画を NYISO に提供をする。次年の週単位の信頼性評価を行い、ある期間において供給容量不足が生じることが分かった場合には、NYISO は発電施設のメンテナンス計画の変更を行う。

　②一週間信頼性

　ローリングベースで、次の 7 日間に十分な発電容量を確保していることに責任を持つ。発電容量不足が予想された場合には、NYISO は市場情報システムを通じて不足する時間及びカテゴリーを示し入札（Bid）の勧誘を行う。

　③前日市場信頼性

　前日市場が閉じた段階で、十分な発電容量が確保できない場合、NYISO は追加 Bid の勧誘を行うと同時に SRE（Supplemental Resource Evaluation）を開始する。十分な資源確保ができない場合、LMP が追加 MW の追加費用となり、先物取引で確保した発電容量を割り当てる。

　④ SCUC 後の前日市場及び前・後当日信頼性

　発電施設遮断（Generator Trip）や送電停止などによって前日市場に十分な資源の提供ができない時間が生じた場合、NYISO は SRE

（Supplemental Resource Evaluation）を行わなければいけない。

　⑤当日市場信頼性

　NYISO は RTC（Real-time Commitment）を用いて、リアルタイムでの Bid の評価を行い、次の二時間において十分な Bid があるかをチェックする。もし、不十分な Bid により RTC が解決できない場合、全ての Bid に対してネットワークのセキュリティを考慮したうえでコミットし、追加の Bid 募集を行い、SRE プロセスを進める。

3.2.7　電力融通調整手順

　予定される電力融通は CA 間で調整することで、1）周波数の乖離（Frequency Deviations）、2）予期せぬ融通の蓄積（Accumulation of Inadvertent Interchange）、3）相互に合意した融通の限界超過（Exceeding Mutually established transfer limits）、を回避することができる。

　NYISO は NERC ポリシー及び手順に準じて他のコントロールエリアとの双方向での取引を計画する。

3.2.8　余剰リソース評価

　SRE（Supplemental Resource Evaluation）は、SCUC 及び RTC の外で NYISO の信頼性及び地元の信頼性要求を満たすために用いられる。

　SRE の関与内容は、NYISO の計画している最小発電水準及びそれ以上で稼働させるために稼働開始する発電機を照会することである。SCUC は翌日のリソース（Resource）に関与し、RTC は発電日（Dispatch Day）のリソースに関与する。RTC は前日市場の発電設備及び負荷の計画、失効していない／約定していない／更新していない Bid 、更新した／新規の Bid、更新した取引要求（Transaction

Request）、更新した負荷予測、更新した稼働停止計画（Outage Schedule）及び更新した状況変化（Status Changes）から始まる。次の 2.5 時間の状況を評価し、次の発電時間（Next Dispatch Hour）のために最適化された追加関与の実行、次の発電時間のために新たに要求された取引を計画する。

（1）一般的な SRE 手順

SRE は、資源不足への対応のときにのみ利用され、費用の低減を目的としたものではない。一般的な SRE の手順は以下の通りである。

① SRE の開始－以下の場合、NYISO が SRE を開始しなければならない
   ・資源不足が発生（もしくは発生が予見される）
   ・既存のリアルタイム市場の非 SRE 資源調整が不十分
   ・問題が SCUC 及び RTC のための評価の範囲外
② 資源不足－資源不足は、以下の結果によるかもしれない
   ・後（Subsequent）のエネルギー（Energy）、出力調整（Regulation）、予備力（Reserve）の消失
   ・送電設備の消失
   ・負荷予測の特異点　及び／もしくは
   ・しかし RTC では評価されていない資源不足の予測
③ 代替要求の決定－ NYISO は不足をベースに、以下を決定する
   ・代替要求のタイプ（出力調整能力（regulation capability）、運用予備力（operating reserve）、エネルギー資源（energy resource））代替は失った資源と合致するように選ばれる。
   ・代替が必要な場所
   ・代替はどれほどの速さで要求されるか？
   ・1 時間で必要となる MW（容量）
   ・どれほど長く代替が要求されるか？
④ 代替資源の選択－表３－12 をベースに、NYISO は事前に計算

表3−11　資源カテゴリー

(R1) エネルギー (Energy)	(R2) 自動発電制御(AGC)調整予備力 (Regulation Reserve)	(R3) 10分スピンニング予備力 (10 Min Spin Reserve)[8]	(R4) 10分非同動予備力 (10 Min Non-Synch Reserve)	(R5) 30分予備力 (30 Min Reserve)	(R6) FRED[9]	(R7) 同時稼働の予備力及び外部緊急購入 (Simultaneous Active of Reserves and/or External Emergency Purchases)	(R8) 失効していない、かつ約定していない前日 Bids (Unexpired Unaccepted Day-Ahead Bids)	(R9) 失効していない、かつ約定していない1時間前 Bids (Unexpired Unaccepted Hour-Ahead Bids)	(R10) 自主的でない負荷抑制 (Involuntary Load Curtailment)

出典：NYISO（2012）を基に作成

表3−12　SRE交換決定（Replacement Decision）

資源不足タイプ （Type of Resource Deficiency）	代替要求タイプ （Type of Replacement Required）
（R1）エネルギー資源不足（Energy Resource Deficiency）	（R1）アクセス可能なところでのエネルギー
（R2）出力調整リソース不足（Regulation Resource Deficiency）	（R2）アクセス可能なところでの出力調整（Regulation in Acceptable Location）
（R3）/（R4）/（R5）運用予備力余力（Operating Reserve Deficiency）	（R3）/（R4）/（R5）アクセス可能なところでの同じタイムの稼働資源余力の確保
（R6）FRED不足	（R6）アクセス可能な場所でのFRED

出典：NYISO（2012）を基に作成

された失効しておらず約定していない資源から代替資源を選ぶ。

　⑤資源不足に関して発電日（Dispatch Day）を最初に、前日市場（Day-Ahead）を二番目に解決する。－SCUC が始まった、もしくは既に終了した場合に、当日及び前日市場において資源不足が予見され

8) 最初に発動する予備力。発電機はシステム周波数と同期しており。10分以内に発電量を増やすことが可能
9) FRED (Forecast Required Energy for Dispatch)：前日市場の需要ビッド（Load Bids）の総量を上回るNYISOの需要予測を満たすための供給力。

た場合、SRE は独立して当日市場の問題解決をまず行う。もし必要であるならば、前日市場の問題解決のため二回目の SRE を実施する。

⑥資源供給者による自主的代替認めるが、保証はしない－金融的に双方向で取引を行う義務がある資源もしくは LMP 市場は、自身で代替となる資源を調達する可能性がある。この場合、LMP 市場で Bid したであろう他の資源と CFD（Contract-For-Differences）を結ぶ調整を行う必要がある。SRE により代替資源が選択された場合には、元の資源は別途権利移譲契約（Side-Settlement）を結ぶこととなる。NYISO はこのようなアレンジメントに干渉しないが、SRE 実施の遅れによるこのような対応を進める義務も有しない。代替的に SRE は、経済性及び（もしくは）より効果的な代替策である場合、他の代替源を選択するかもしれない。

（2）2〜7日前 SRE

長いリードタイムが必要となる発電機について 2 〜 7 日前に発電容量の不足が予測されたときに SRE は実施される。

①アナウンス後－SCUC 前の SRE が予測されたとき、時間が許せば、NYISO は市場参加者に SRE が予定され、追加資源 Bid が必要とされていることを通知する。

②2 〜 7 日前発電容量－長い発電準備時間を要する（前日以上）資源の不足が予見される時
  ・必要となる余剰リソースの、量、タイプ及び位置を確定する。
  ・どれほど早く余剰リソースが必要かを決定する。
  ・どれくらいの期間で必要か（余力約束期間（Supplement Commitment Period（SCP））は時間単位で当日まで必要になる傾向である）。
  ・需要をすぐに満たす資源のために、資源最低費用の基準（最低費用とは SCP の間に生じる最小の発電準備及び発電の費用）で、余剰リソースの資源カテゴリー（R8）から（R6）への変

更を選択及び計画する。もし、他の条件が一緒の場合には、Bid エネルギー価格（Bid energy price）で決定される。

(3) SCUC 後前日 SRE

前日市場の不足に対する SRE は SCUC による前日市場評価が始まった後に実行される。

①アナウンス後−前日市場での不足が予測された時、時間が許せば、NYISO は市場参加者に対して SRE の予定及び追加的 Bid の応募に関してアナウンスを行う。

②前日市場の出力調整リソース不足及び予備力不足−（R2）、（R3）、（R4）、（R5）及び（もしくは）（R6）において不足が予見された場合には、

- 必要となる余剰リソースの量、タイプ、位置を決定する。タイプは不足するリソースのタイプと一緒でなければならない。
- どれほど早く余剰リソースが必要かを決定する。
- どの期間余剰リソースが必要かを決定。
- どれくらいの期間で必要か（SCP は時間単位で当日まで必要になる傾向である）
- 需要をすぐに満たす資源のために、資源最低費用の基準で、余剰リソースの資源カテゴリー（R8）から（R2）（R3）（R4）（R5）及び（もしくは）（R6）への変更を選択及び計画する。もし、他の条件が一緒の場合には、Bid エネルギー価格（Bid Energy Price）で決定される。

③前日エネルギー不足−エネルギー不足（R1）が現在の前日市場（SCUC 後）において予測される場合、非 SRE 資源の調整をリアルタイム市場で行った後に予備力不足が発生することを意味する。

- エネルギー不足解消のために必要となる余剰リソースの量、タイプ、位置を決定する。
- どれほど早く予備力が必要かを決定する。
- どれくらいの期間予備力が必要かを決定。

・需要をすぐに満たす資源のために、資源最低費用の基準で、余剰リソースを資源カテゴリー（R8）から（R1）への変更を選択及び計画する。

④ RTC の再調整 – 後の RTC において資源は再調整の可能性がある。

出典：

Bartholomew, Emily S., Afzal S. Siddiqui, Chris Marnay and Shumel S. Oren (2003), The New York Transmission Congestion Contract Market : Is It Truly Working Efficiently?, Ernest Orland Lawrence Berkeley National Laboratory.

IEA (2016), Re-powering Markets - Market Design and Regulation during the Transition to Low-carbon Power Systems.（邦訳：国立研究開発法人 新エネルギー・産業技術開発機構 スマートコミュニティ部（平成 29 年）「電力市場のリパワリング – 低炭素電力システムへの移行期における市場設計と規制」）

New York Independent System Operator (NYISO)(2018), Day-Ahead Scheduling Manual, October 2018

New York Independent System Operator (NYISO)(2012), Transmission and Dispatch Operations Manual, Manual 12, October 2012

第3節

当日市場のオペレーションは
どのようにしているのか

(Transmission and Dispatch Operations
Manual Ver4.1 2018の要約)

はじめに

　本節では、実需給断面の直前に行われるリアルタイム市場のオペレーションについて述べる。

　市場参加者は、前日市場の結果が公開された後、実需給断面の75分前までリアルタイム市場に入札することができる。リアルタイム市場では前日市場の1時間単位の計画を引き継いだ上で、発電機の15分毎の起動停止計画、5分毎の出力指令値を決定する（図3−22参照）。

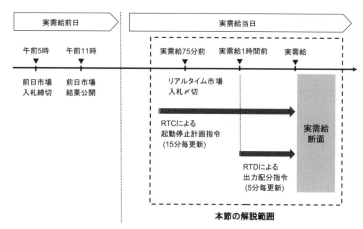

図3-22 実需給前日〜当日のスケジュール

3.3.1 リアルタイム市場の概要

（1）リアルタイム市場とは

　リアルタイム市場とは、市場参加者（以降、参加者）が実需給断面の75分前まで入札を行うことができる市場である。日本の1時間前市場と一見似ているように見えるが、日本はザラバ形式で実需給1時間前まで随時約定が発生するのに対し、ISOのリアルタイム市場ではオークション形式で約定処理が行われる。

　リアルタイム市場ではノード毎の約定価格（LMP：Locational Marginal Price）を計算する。これは日本のスポット市場におけるエリアプライスと似ているが、ISOではエリアよりも細かい母線単位で価格を算出することが特徴である（詳細は第2章参照）。リアルタイム市場のLMPは、計画値と実績値の差（インバランス）の精算に用いられる。

　またリアルタイム市場は、ユニットコミットメント（起動停止計画指令）とディスパッチ（出力配分指令）の計算も実施し、発電機の出

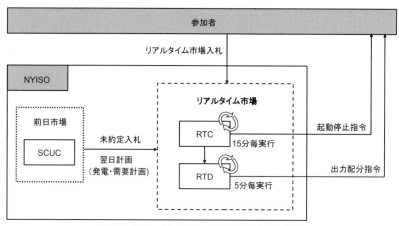

図3-23　リアルタイム市場の位置づけ

力指令値を決定する。このことから、リアルタイム市場は日本の中央
給電指令所における「当日断面の EDC（経済負荷配分）」の役割も担っ
ていると言える。

　NYISO の場合、ユニットコミットメントは RTC（Real-Time
Commitment）、ディスパッチは RTD（Real-Time Dispatch）と呼ば
れ、共にリアルタイム市場を構成する重要な機能である。**図3-23**
に示すように、リアルタイム市場は参加者からの入札と、前日市場か
らの未約定入札、翌日計画などの入力情報をもとに RTC を15分毎、
RTD を5分毎に実行する。RTC/RTD は信頼度制約をはじめとする
系統制約を考慮しながら、運用コストを最小化する最適化計算を行う。

（2）リアルタイム市場への参加

　参加者は、前日市場の結果（翌日計画）が公開された後、実需給断
面の75分前までリアルタイム市場への入札情報を更新できる。75分
前という締切は、入札コマ（1時間単位）毎に設定される。入札締切
以降、参加者は NYISO から通知される指令（発電機の起動停止計画
指令や出力制御指令）を確認する。

　発電機を持つ参加者すなわち発電事業者は、前日市場とリアルタイ

ム市場の両方で入札が可能である。追加の電力需要があり、送電容量に空きがある場合には、リアルタイム市場を通じて追加で電力を市場に供出することができる。一方小売事業者は前日市場にのみ参加できリアルタイム市場には入札できない。もし前日市場の後に系統内の需要上振れ等で追加の電力が必要となった場合、NYISO が小売事業者の代わりとなって、リアルタイム市場で必要な電力を自動調達することになる。

リアルタイム市場への入札は、前日市場と同様 1 時間単位である。発電事業者は入札時に下記の情報を入力する。

・入札対象の時間断面
・入札カーブ（入札量 [MW] と入札価格 [$/MW] の組）
・運用上限値／緊急運用上限値
・最低出力値
・起動コスト
・最低出力時に発生するコスト
・予備力の提供有無と可能量
・運用モード
・15 分毎の出力値／運用上限値※
※運用モードが「出力一定（Fixed）」の場合のみ指定する。運用モードの詳細は「コラム：入札時に指定する運用モード」参照。

このほか、最短稼働時間、最短停止時間、出力変化速度は別途発電機固有のパラメータとして入力する。

コラム

入札時に指定する運用モード

参加者は発電機の入札を行う際、表3−13に示す運用
モードから一つを選択する。

表3−13　発電事業者の入札における四つの運用モード

	ISOによる起動停止判断 （ISO-Committed）	参加者による起動停止決定 （Self-Committed）
出力変動可 （Flexible）	① ISO-Committed Flexible	③ Self-Committed Flexible
出力一定 （Fixed）	② ISO-Committed Fixed	④ Self-Committed Fixed

選択した運用モードによって、発電機の出力決定プロセス
が異なってくる。

「ISOによる起動停止判断」を選択した場合、発電機の起
動時間は前日市場またはリアルタイム市場のRTCで決定す
る。NYISOの最適化演算の結果、経済性があると判定され
た時間帯にのみ発電機は稼働する。

「参加者による起動停止決定」を選択した場合、参加者が
起動時間を決めることができる代わりに、参加者は市場で決
定される価格で電力を販売する（Price Taker）。発電機のコ
ストが市場価格を上回った場合、参加者が損失を被る可能性
がある。

「出力変動可」「出力一定」は、15分周期内の出力変動可
否を表している。

「出力変動可」を指定すると、RTDによって5分毎に出力指
令値が計算される。予備力を提供する場合は必ず本モードを指
定する必要があり、その場合5分以下の短周期の出力指令値
が送られることがある。例えば周波数制御予備力（Regulation
Reserve）を提供する発電機には、AGC（Automatic Generation

Control）によって6秒毎に出力指令値が送られる。

「出力一定」を指定すると、15分単位で出力が固定される。これと前述の「ISOによる起動停止判断」を組み合わせた場合（**表3−13②**）、参加者は15分毎の運用上限をリアルタイム市場の入札時に指定し、NYISOはその範囲内で出力指令値を決定する。一方「参加者による起動停止決定」と組み合せた場合（**表3−13④**）、参加者は15分毎の出力計画値そのものを入札時に指定する。

前日市場で指定した運用モードをリアルタイム市場への入札時に変更できるかは、市場のルールによって決められている。例えば「出力変動可」／「出力一定」の区分は、リアルタイム市場の入札時点で変更できない。

発電事業者が発電機の出力計画値を取得する方法はいくつかある。一つ目はNYISOの市場情報システム（MIS）で、出力計画値（15分値）を市場の約定結果として確認できる。

二つ目は、送電保有者経由で取得する方法である。通常、発電機の専用線（ICCP）は送電保有者のSCADAとだけ接続されており、参加者はNYISOが決定した出力値を送電保有者経由で取得する。発電機が送電保有者を介さずにNYISOと直接通信するためには、別途手続きを行う必要がある。

（3）リアルタイム市場の精算

リアルタイム市場の精算は、前日市場で一旦確定した発電計画・需要計画と実績値との差分（インバランス）に対して行われる。なお、NYISOをはじめ米国のISOにおけるインバランス精算単位は1時間である。

約定価格であるLMPには、ノード毎とゾーン毎の2種類がある。

出典：https://www.nyISO.com/documents/20142/3036629/Power+System+Fundamentals.pdf

図3-24　NYISOのゾーン区分

発電側は発電機が連系する発電機母線（ノード）毎の LMP で精算が
行われる一方、負荷側（小売事業者等）は、負荷が位置するゾーン毎
の LMP で精算される。NYISO 制御エリアには**図3-24**に示すよ
うに 11 のゾーンが存在する。

（4）リアルタイム市場のタイムライン

リアルタイム市場の中心機能である RTC、RTD のタイムラインを
それぞれ**図3-25、図3-26**に示す。

RTC は、2時間30分先までの時間断面を対象に 15 分周期で起動
停止計画（15 分単位）を計算する。計算結果は毎時 15 分、30 分、45
分、00 分に通知する。直近の計算結果(15 分または 30 分先)は確定値、
残りは予告値として扱われる。起動停止指令の対象となる発電機は起
動時間が 30 分以内の高速起動発電機に限定されている。また、RTC
では隣接 ISO との融通計画も決定する。

RTD は、RTC の結果を引き継いで実行される。対象の時間断面は
60 分先まで（厳密には、実行時刻により 50、55、60 分先までのいず

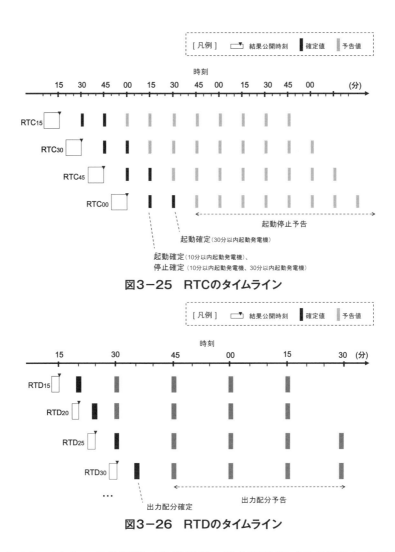

図3-25　RTCのタイムライン

図3-26　RTDのタイムライン

れか）であり、5分周期で各発電機の出力配分値（5分単位）を計算
する。RTCと同様の考え方で、直近の計算結果（5分先）は確定値、
残りの時間帯の計画は予告値として扱われる。RTDで算出したノー
ド毎・ゾーン毎のLMPの確定値がリアルタイム市場の精算価格とな
る。

（5）リアルタイム市場（RTC/RTD）と周辺機能

リアルタイム市場の演算機能である RTC/RTD と、周辺機能との関連を解説する。機能関連図を**図3－27**に示す。

❶市場情報システム（Market Information System：MIS）は、参加者と NYISO の間のインタフェースであり、入札情報の受付や市場関連情報の公開を行う。ここから連係される情報をベースに❷需要予測（NYISO 制御エリア全体を対象）や❸前日市場の SCUC（Security Constrained Unit Commitment）が実行される。SCUC は実需給前日に1時間単位の計画を算出する（詳細は本章3.2節を参照）。

実需給当日になると、前述❶❷❸からの情報をベースとして❹ RTC が処理を開始し、15分単位の起動停止や隣接 ISO との融通計画を決定する。

続いて❹ RTC の処理の結果を引き継ぐ形で❺ RTD が動作し、5分毎の発電機の出力指令値（5分単位）を決定する。RTD で算出された系統状態は、リアルタイム市場の送電ロスや混雑感度係数を算出する際に参照される。

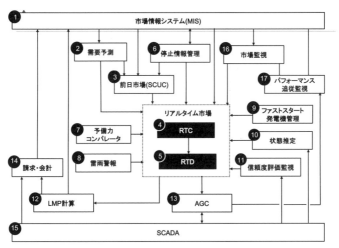

図3－27　RTC/RTDを中心とした機能関連図

RTC/RTD は、このほかの周辺機能とも密接に連係している。

例えば❻停止情報管理では、発電機設備の計画停止・強制停止や復旧予定を管理している。この情報は RTC/RTD に連係されるほか❶市場情報システム（MIS）を通じて参加者側にも情報公開される。

また❼予備力コンパレータは、予備力の種類毎に NYISO 管轄区域の予備力必要量と使用可能量を比較し、RTC/RTD に連係している。

❽雷雨警報（Thunderstorm Alert：TSA）は、NYISO のオペレータが深刻な運用状態を検知した際に発動される。TSA が有効な状態では、予め登録された通常時・事故時の制約（pre and post-contingency constraints）が RTC/RTD に連係される。

❾ファストスタート発電機管理では、高速で起動する発電機の起動停止を管理する。RTC と RTD-CAM（Real-Time Dispatch Corrective Action Mode、詳細は3．3．3項（3）参照）が決定した起動停止計画を承認／否認や、手動での起動停止も可能である。

❿状態推定では、計測値の誤差を考慮しながら電力系統の正確な状態値を推定し、RTC/RTD に連係する。NYISO の制御エリア外についても等価系統をモデリングし推定の対象としている。

⓫信頼度評価監視では、実断面・予測断面の系統信頼度を、偶発的事象発生による影響を考慮して評価し、設備運用制約のリスト化も行う。本機能の結果も RTC/RTD に連係される。

RTC/RTD の実行結果は、主に⓬ LMP 計算と⓭ AGC（Automatic Generation Control）に連係される。⓬ LMP 計算では市場価格が算出され、その結果は❶市場情報システム（MIS）を通じて公開されるほか⓮請求・会計にて月毎の精算情報としてまとめられる。⓭ AGC は負荷、発電、エリア外融通をバランスさせ、周波数を安定維持するために発電機を制御するプログラムである。対象の発電機に対して6秒おきに出力指令値を送る。

その他の周辺機能について説明する。⓯ SCADA は NYISO の制御室と、遠隔の送電保有者または発電所制御室との間を直接つなぎ、テ

レメータ値を伝送して制御を行うほか、運用上のフィードバックデータを受信する。❶市場監視では参加者による不正な入札をチェックし、その入札が市場価格にどのように影響するかを分析する。市場競争にそぐわない行動を検知した場合には、自動的にその影響を低減するプロセスを実行する。❷パフォーマンス追従監視は、各発電機の起動／停止状態や出力の実績値と計画値の差を監視している。

3.3.2　RTC

（1）RTC の概要

RTC（Real-Time Commitment）とは 15 分毎にユニットコミットメント（起動停止計画計算）を行う機能である。系統制約を考慮しつつ、NYISO エリア全体の需要量、運用予備力（Operating Reserves）及び周波数制御予備力（Regulation Reserves）の必要量をコスト最小に確保する計画を最適化演算によって求める。

なお運用予備力・周波数制御予備力とは NYISO が系統周波数安定を目的に事前確保するもので、前者は主に事故発生時、後者は小幅な周波数変動時に活用される。

RTC では、前日市場で決定した 1 時間単位の起動停止計画を引き継いだ上で、高速起動発電機[10]を対象に 15 分単位の起動停止計画を策定する。また隣接 ISO との融通計画も策定する。

RTC の演算対象時間は 2 時間 30 分であり、15 分を 1 コマとして 10 コマ分の演算を同時に行う。演算は 15 分周期で行われ、毎時 15 分、30 分、45 分、00 分に結果を公開する。各演算は結果公開時刻を添え字にして RTC_{15}, RTC_{30}, RTC_{45}, RTC_{00} のように表記される[11]。

---

10) ガスタービンが一般的である。
11) RTC及びRTDでは演算結果公開時刻を時刻の基準にしている。本節でもこれに倣い、以降で「X分後の断面」と記載する場合には、特に注意書きがない限り演算結果公開時刻を基準にした時刻とする。

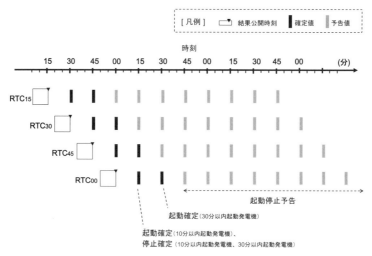

図3-28　RTCのタイムライン（再掲）

　演算対象の2時間30分のうち、15分後と30分後の断面の起動停止計画は確定値として参加者に通知される。起動時間が10分以内の発電機の起動停止は15分前に、起動時間が30分以内の発電機の起動停止は30分前に確定する[12]。45分後以降の時間断面の起動停止計画は予告値として通知され、参加者はこれによって先々の起動停止スケジュールを把握する。RTCで起動を決定した発電機は最低でも60分以上稼働し、停止指令は後続のRTCによって停止時刻の15分前に確定して参加者に通知される[13]。

　全ての高速起動発電機の起動・停止にはNYISO運用者の承認が必要だが、緊急措置であるRTD-CAM（詳細は3.3.3項（3）参照）でReserve PickupモードまたはMaximum Generation Pickupモードとなっている場合には、NYISO運用者の承認なしに予め決められた出力値が自動で指令される。

---

12) それぞれ、10-Minute Generator（10分以内起動発電機）、30-Minute Generator（30分以内起動発電機）と呼ばれる。これらの高速起動発電機としての資格を得るためには、事前にNYISOの承認を得る必要がある。
13) 前日市場の発電機起動計画と競合する場合には、RTCでは停止指令を送らない。

隣接ISOとの融通計画については、まずRTC$_{15}$が直近00分（45分後）から1時間の確定値を決定する。その後、RTC$_{30}$、RTC$_{45}$、RTC$_{00}$によって1時間単位の融通量に問題ないことの確認が行われる。万一融通量を減らす必要がある場合、NYISO運用者に自動通知が届く。また各RTCでは、1時間単位の計画が確定した時間断面まで15分単位の融通量を計算する。このうち、直近15分間の融通量は確定値となる。

　RTCでは、ISO-Committed Fixedのモードで入札した発電機の15分単位の出力指令値も決定する。このモードの発電機はRTDの対象外であるため、RTCの15分単位の演算結果がそのまま出力指令値の確定値となる（"ISO-Committed Fixed"については、前述のコラム「入札時に指定する運用モード」参照）。

　RTCで算出する計画を**図3－29**、**表3－14**に示す。

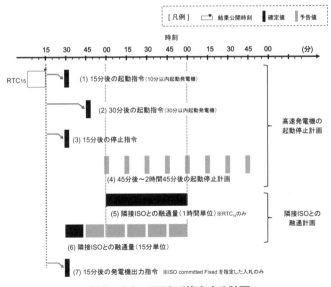

図3－29　RTCで算出する計画

表3−14　RTCで算出する計画

策定計画	区分	備　考
(1) 15分後断面の起動指令	確定	10分以内起動発電機が対象
(2) 30分後断面の起動指令	確定	30分以内起動発電機が対象
(3) 15分後断面の停止指令	確定	(1),(2)で起動した発電機が対象
(4) 45分後から2時間30分後までの断面の起動停止計画、出力配分	予告通知	10分以内起動発電機、及び30分以内起動発電機が対象
(5) 隣接ISOとの1時間単位の融通量 ※RTC$_{15}$で作成（RTC$_{30}$、RTC$_{45}$、RTC$_{00}$は確認のみ）	確定	直近の00分からの1時間断面が対象
(6) 隣接ISOとの15分単位の融通量	確定／予告通知	直近の15分断面の確定値を算出　この他、(5)によって1時間単位の融通量が決まった時間帯に対しては融通量の予告通知を算出
(7) 15分単位の出力指令	確定	運用モードが"ISO committed Fixed"の発電機が対象

RTC の演算を実行するまでの流れは以下の通りである。

1) 最新の設備作業計画及び事故停止情報にもとづき系統モデルを更新する。

2) 最新の需要情報にもとづき、需要予測値を更新する。

3) 最新の調整力必要量を取得する。

4) 前日市場計画とファーム相対取引計画（前日計画分）を取得する。

5) リアルタイム市場への入札とファーム相対取引計画（当日更新分）の情報を取得する。

6) 位相調整器の位相角とタップ設定値の最新計測情報を SCADA から取得する。

7) RTC の演算を実行する。

求解方法の詳細は、3.3.4項に記載する。また、ファーム相対取引計画との関連は「(4) RTC による相対取引計画値の評価と抑制」にて述べる。

（2）RTC 後に公開される情報

RTC の処理結果として、一般に公開される情報は以下の通り。

・15 分単位のノード LMP、ゾーン LMP 予告値

・各送電設備の空容量及び最大送電容量

参加者のみに公開される情報は以下の通り。

・隣接 ISO との融通量確定値

・15 分単位の各発電機への出力配分量予告値

（ただし、RTD の対象となる時間領域以降のみ対象）

（3）RT-AMP の概要と目的

NYISO では、参加者による市場支配力の低減を目的に、RT-AMP と呼ばれるプロセスを RTC 演算と並行して実行する[14]。

RT-AMP では基準価格を逸脱した入札が市場価格（LMP）や送電混雑に与える影響を検証する。

解説　市場支配力の行使とみなされるのはどのような行為か

NYISO の市場監視・分析担当者には、市場支配力の行使をタイムリーかつ正確に検知し、これを低減させる責務がある。NYISO では、市場支配力低減措置の目的を「市場価格への不要な干渉を可能な限り回避した上で、市場競争を阻害・歪曲しうるような人為的行為による影響を低減すること」と定義しており、具体的には以下のケースを挙げている。

①物理的な出し惜しみ：発電設備で本来提供可能な売入札・発電計画を意図的に NYISO に提出しないこと

②経済的な出し惜しみ：発電設備が出力配分指令を受けないように、または市場の約定価格に影響を与えることを目的に、

---

14) NYISOでは、RT-AMPによる補正も含めた15分周期の演算処理全体を "RTC" と称することがある。本書でも、RT-AMPについて詳述する本項以外ではこれに準ずることとする。

不当に高値の売入札を提出すること

③非経済的な電力供出：本来非経済的な発電設備であるにもか
かわらず、送電混雑を起こすため、ひいてはそれによって利
益を得るために、意図的に発電設備の出力を上昇させるよう
な入札を行うこと

　検証は（1）Conduct Test（入札価格検証）、（2）Impact Test（市
場影響評価）の2ステップから成る。

（1）Conduct Test（入札価格検証）

　・参加者による「経済的な出し惜しみ」がないか検証する。

　・各入札の価格（エネルギー増分単価、起動費用、最小コスト）
と基準価格の差が閾値を超過していないかを確認し、超過して
いる場合、当該入札を「価格検証不合格」と判定する。

　・検証は市場情報システム（MIS）の中で入札受付後に実施さ
れる。

（2）Impact Test（市場影響評価）

　・Conduct Test で「価格検証不合格」となった入札がリアルタ
イム市場価格（LMP）に与える影響を確認する。

　・Impact Test では、15分周期の RTC と並行して RTC と同
様のユニットコミットメントを行う。このユニットコミット
メントは、RTC と同様に RT-AMP$_{xx}$ と称される。（"XX" は、
対応する RTC の演算結果公開時刻）

　・RT-AMP$_{xx}$ では Conduct Test で価格検証不合格となった入札
の価格を基準価格に差し替えて計算を行う。その他の条件は
RTC$_{xx}$ と全く同じである。RT-AMP$_{xx}$ の計算結果を RTC$_{xx}$ の
結果と比較することで、価格検証不合格の入札が市場に与える
影響を評価することができる。

　・RTC$_{xx}$ と RT-AMP$_{xx}$ の LMP の差が閾値を超過していた場
合 [15]、市場支配力の抑制措置として、価格検証不合格の入札価

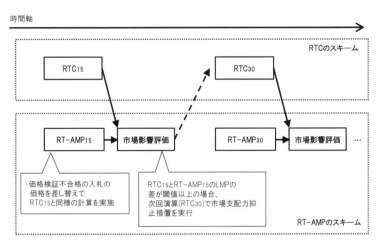

図3−30　RT-AMPの処理フロー

格を次のRTCの演算から基準価格に上書きする。Impact Test
のフローを**図3−30**に示す。
・RT-AMPに関するルールの適用条件、例外条件、パラメータ、
閾値は非常に多く、これらの詳細は"NYISO Services Tariff"
で定められている。

解説　RT-AMPはなぜ実効性が高いといえるのか
価格検証不合格の入札が市場に与える影響を評価するためには2
回のユニットコミットメントを行う必要があるが、この検証にあ
てられる時間はRTCの演算間隔、すなわち15分しかない。RT-
AMPの評価をRTCの後に行ったのでは15分以内に終えること
ができないが、並列して計算を実行することでRTCの演算スケ
ジュールへの影響を最小限にとどめている。

---

15) 価格変化の影響は発電機ごとには評価できず、価格検証不合格の入札全体に対して集合的に判
定することになる。

（4）RTCによる相対取引計画値の評価と抑制

　RTCでは、事業者同士の相対取引計画を系統制約と経済性の観点から評価し、必要に応じて抑制も行っている。本項では、そもそもRTCの評価対象となる相対取引計画値（以降、ベース相対計画値）がどのように算出されるのか、またRTCが抑制した場合の計画値の扱いについて解説する。

　ファーム相対取引（Firm Bilateral Transaction）[16]を行いたい場合、事業者は事前にNYISOの送電サービスを予約しておく必要がある。相対取引を行う事業者のうち片方が代表者となり、NYISOの市場情報システム（MIS）に希望する取引量を登録する。これに対してNYISOは、送電容量制約や経済性を考慮して各相対取引の承認可否を判断し、ベース相対計画値を算出する。この算出タイミングは前日時点と当日時点（実需給の約1時間前[17]）の2回あり、参加者は送電サービス予約時にいずれかを選択しておく。

　その後リアルタイム市場（RTC）でベース計画値が評価されるが、このとき抑制の対象となるのは「物理的計画値」である。そもそも相対取引の計画値は❶金融的計画値と❷物理的計画値の2種類に分けて管理されており、❶金融的計画値はRTCによる抑制の影響を受けずにその全量が前日市場価格で精算される。一方❷物理的計画値は実際の融通量に対する計画値であり、RTCによる抑制に応じて更新される。❶金融的計画値と❷物理的計画値の差分はリアルタイム市場価格（LMP）で精算される。

　RTCによる評価の結果、各相対取引にはフラグ（**表3－15**参照）が付与され、市場情報システム（MIS）を通じて各事業者に伝えられる。事業者はこのフラグを見れば、自身の相対取引が全量送電できる

---

16) NYISOは、事業者の相対取引計画にもとづき電力を融通する「送電サービス」を提供する。相対取引の送電サービスは大きく「ファーム」と「ノン・ファーム」の2種類に分けられ、ファームの送電が優先される。ノン・ファームはファームの送電が確定した後、系統混雑が起きない範囲で送電できる。詳細は第2章を参照。
17) 相対取引の計画値は実需給45分前に公開される。

のか、一部抑制されてしまったのか、抑制の理由は何であったか等を把握することができる。

　RTC のフラグ付与は簡易なルールで決まる。RTC の中で行われる2段階の評価プロセス、すなわち（1）初回の系統制約考慮なしユニットコミットメント（2）最終の系統制約を考慮したユニットコミットメント の二つの結果を比較することによって、付与するフラグが決定する。

表3-15　フラグ一覧

フラグ	意　　　味
Z	評価対象外
E	全量承認された取引
U	非経済性が原因で全量拒否された取引
M	部分的に承認された取引
S+	系統制約が原因で部分的または全量承認された取引
S−	系統制約が原因で部分的または全量拒否された取引
D	エリア全体輸入（輸出）変化速度制約（Desired Net Interchange ramp constraint）が原因で部分的または全量拒否された取引

　例えば、上記のフラグ"U"は、前述の（1）（2）のユニットコミットメント両方で計画値がゼロとなった取引に対して付与される。（1）系統制約考慮なし時点で計画されなかったということは、その取引は非経済性が原因で拒否されたと判断している。

　またフラグ"S+"や"S−"は、（1）と（2）の結果が異なった取引に対して付与される。（2）で系統制約を考慮した結果（1）時点から計画値が変化したということは、その取引は系統制約の影響を受けたと判断している。つまりフラグを決定するときに、LMP や入札価格は一切参照されていない。

3.3.3 RTD

（1）RTDの概要

　RTD（Real-Time Dispatch）とは、5分毎に発電機指令（5分値）を計算して AGC（Automatic Generation Control）に連係する機能である。AGC では最終的には6秒毎に制御が行われる。RTD の演算対象断面は処理実行開始から60分先までであり、系統制約を考慮しつつ NYISO エリア内の全発電機（と一部需要側リソース）の出力を決定する。出力決定時は、エリア全体の需要や他エリア融通、運用予備力（Operating Reserves）、周波数制御予備力（Regulation Reserve）の必要量をコスト最小に確保できるよう最適化される。

　RTD の計算では、各発電機の出力期待値とノード LMP、ゾーン LMP を算出する。原則、RTC で確定した発電機の起動停止はそのまま引き継がれ、RTD で変更することはない。このため、RTD において発電機起動費用は考慮されない。なお後述する一部の実行モード（RTD-CAM）では起動停止が変更される可能性がある。

　RTD の処理は60分先までの断面を対象としているが、計算した出力値の扱いは「5分後断面」と「それ以降」とで異なる。5分後断面の出力値は確定値として扱われ、発電機にはベースポイントとして AGC 経由で実信号が送られる。一方、それ以降の断面（毎時15・30・45・00分の計4断面）における出力値は予告値として通知され、参加者はこれによって先々の発電機の起動停止スケジュールを把握する。起動停止期間の始まり・終わりは、必ず RTC の実行周期である毎時00分、15分、30分、45分にあわせて行われる。なお高速起動発電機の場合、起動の予告は上記に加えて ICCP（Inter-Control Center Communications Protocol）のテレメータ信号でも通知される。RTC によって起動が確定すると、その発電機の起動時間に応じたタ

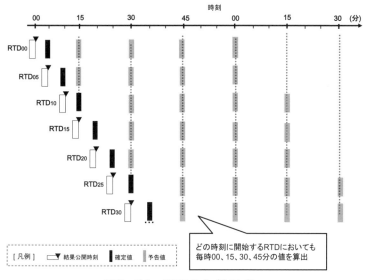

図3−31　RTDのタイムライン

イミング（起動開始15分前または30分前）に起動計画が設定される。

　処理のタイムラインを**図3−31**に示す。図において、RTDの右下の数字は結果通知時刻を表し、例えばRTD00は毎時00分に結果を通知する処理である。各RTD処理は、5分後断面の確定値と、毎時00、15、30、45分の予告値をローリングしながら算出する。15分刻み以外の時刻（毎時20分や35分など）の予告値は計算されない。

　RTDでは、原則RTCの出力配分計算と同じ処理アルゴリズム、入札情報、制約を用いて計算を行っている。RTCと異なるのはその他の系統情報であり、例えば負荷や風力の予測、エリア外との融通計画、位相角制御（PAR）の潮流、発電機のパフォーマンス、系統トポロジーなどは最新の状態にアップデートされたものを参照して計算を実行している。

（2）RTD後に公開される情報

　RTDの処理結果として公開される情報は以下の通りである。（1）

～(7) は一般に公開、(8) は参加者限定で公開される。

(1) 5分後のノードLMP、ゾーンLMP

(2) 5分後のアンシラリーサービス増分価格

　a. ゾーン毎の10分瞬動予備力

　b. ゾーン毎の10分非瞬動予備力

　c. ゾーン毎の30分瞬動／非瞬動予備力

　d. NYISOエリアの周波数制御予備力容量

　e. NYISOエリアの周波数制御予備力動作

(3) 位相制御器（PAR）の計画値

(4) 送電系統のMW潮流制約（運用制約・信頼度制約とシャドープライス[18]）

(5) エリア内外のインタフェース潮流

(6) RTD、RTCが算出したLMP（後で更新・再公開される可能性あり）

(7) (1) を1時間毎に加重平均したLMP

(8) 配分値（MWベースポイント）

(8) については、直近5分後の値のみすぐにAGCに連係される。それ以降の値は参考値として通知される。

(3) RTD-CAM の概要

通常のRTC/RTDでは予期されていない、「主要発電機喪失」や「送電線故障」などの緊急事態が発生した場合、NYISOはRTD-CAM（RTD-Corrective Action Modes）と呼ばれるプログラムを実行して通常状態への復旧を試みる。本プログラムはRTDの特別版ともいえ、一般に5分間か10分間継続される。

RTD-CAMは通常のRTDと異なり、発電機への起動指示も行う。全部で以下五つのモードに分かれており、運用者はその時々で適切なものを選択する。

18）混雑地域において、MW潮流制約が限界的に緩和されることによって得られる価値を表す価格。

(a) Reserve Pickup モード

(b) Maximum Generation Pickup モード

(c) Base Points ASAP － No Commitments モード

(d) Base Points ASAP － Commit As Needed モード

(e) Re-Sequencing モード

　RTD-CAM では、全発電機に対し、通常の運用上限値を上回る「緊急用上限値」まで出力増を求める可能性がある。ただし Self-Committed Fixed（**表 3 － 13** 参照）で入札した発電機については、上記（b）実行時を除き、RTD-CAM による出力配分値に応答する必要はない。

　またエネルギー貯蔵装置は、上記（a）（b）以外でのみ応答する。電力供給状態のときは貯蔵量に応じた出力維持を要求され、消費状態のときは AGC によって出力値 0 が設定される。エネルギー貯蔵装置の入出力は RTD-CAM において ± 0 と仮定して計算される。

　以降、各モードについて解説する。

（a）Reserve Pickup モード

　本モードは、系統内の需給インバランス（ACE：Area Control Error）が 100MW を超え、計画値の再計算が必要となった際に発動される。予備力発動電源に対して RTD-CAM から 10 分間の出力配分値が送られるほか、次の 10 分間の計画値も算出される。また、10 分以内に起動停止可能な発電機に対し、起動停止指示を送ることもある。

　本モードはさらに大規模事象モード（large event）と小規模事象モード（small event）に分類される。大規模事象モードは大規模発電機の喪失時に実行されるのに対し、小規模事象モードは発電機が指令値に追従できずに起こる微小変動などが原因で発動される。大規模事象モードでは ACE を 0 にすることが第一優先となるため、たとえ送電設備潮流が運用制約を超えても、発電機の出力配分値が減らされることはない。一方、小規模事象モードでは、送電設備の過負荷を減

らせる可能性があれば、RTD-CAM は出力配分値を減らして送電設備の負荷を下げることができる。NYISO は本モードを実行している間もエネルギーと運用予備力を最適化し、地域毎の運用予備力必要量を更新する。このモードの間は、周波数制御予備力サービスは発動しない。

(b) Maximum Generation Pickup モード

本モードは、(a) Reserve Pickup モードで復旧できないほど重大な擾乱が発生し、NYISO 管内の特定地域（例えば Long Island や New York City）の発電機を最大出力にする必要がある場合の緊急措置である。発動されると、対象地域の全発電機に対し、緊急用の変化速度で緊急用最大出力まで出力増加させ、他の指令が来るまでその出力を維持するような出力配分値が送信される。本モードでは、系統制約は可能な範囲でしか考慮されず、あくまで最大出力を出すことが優先される。

NYISO は本モードを実行している間もエネルギーと運用予備力を最適化し続け、地域毎の運用予備力必要量を更新する。このモードの間は、周波数制御予備力サービスは発動しない。

(c) Base Points ASAP − No Commitments モード

本モードは、RTD による出力配分値の更新が必要となる場合、例えば予期せぬ過負荷や電圧問題、擾乱の発生時に発動される。5 分以内に応答可能な発電機に対してのみ次の 5 分の出力配分値を送信し、起動停止計画の変更は行わない。

(d) Base Points ASAP − Commit As Needed モード

前述（c）とほぼ同じ動作だが、10 分以内に起動可能な発電機に対して起動指示を出す可能性がある。

(e) Re-Sequencing モード

NYISO が（a）〜（d）いずれかの RTD-CAM 状態を解除し、元の RTD に戻る際に自動実行される。次の定周期実行の RTD が配分値計算するまでの断面の計画値を補完するため、5 分間の出力配分値を

2回分、すなわち10分間分の出力配分値を送る。

3.3.4　RTCとRTDの求解プロセス

本項では、RTCとRTDの演算に共通する事項を補足説明する。

（1）処理アルゴリズム

RTCにおける起動停止・出力配分計算は、それぞれ混合整数計画法（MIP）と線形計画法（LP）を用いて行われる。MIPは高速起動発電機の起動停止、LPは計画値とLMPを決定する。RTDは、出力配分計算にLPを用いている。

RTC/RTDともに、出力配分計算では2段階の線形計画法を実施している。1段階目の"物理ディスパッチ計算"では計画値を決定し、2段階目の"理想ディスパッチ計算"では電力や予備力・周波数制御予備力価格を決定している。RTC/RTD共に2段階目の"理想ディスパッチ計算"でLMPを算出することになる。

（2）初期状態の取得

RTC/RTDでは、NYISOのデータベースから発電機毎の入札カーブやテレメータ値、制約値などの初期状態を取得して計算に使用する。各データの初期状態の取得方法を**表3－16**に示す。

これらの入力データをもとに、RTC/RTDでは全ての系統制約（運用・設備・信頼度制約）と、参加者側から提供された発電機毎の制約（出力・応答速度制約）を満たすように、発電機の起動停止（RTCのみ）、出力配分値、潮流値を計算する。もし求解プロセスの中で系統制約違反が発生した場合は、RTC/RTDは全ての違反が解消されるまで起動停止・出力配分の計算を繰り返し行う。

（3）発電機の出力変化速度の考慮

表3-16　初期状態の取得方法

	初期状態の取得方法
初期の発電機MW値	発電機出力のリアルタイムの遠隔測定値 （Telemetry values）
ゾーン毎の需要	予測値（Forecasted values）
移相変圧器の潮流	リアルタイムの遠隔測定値（Telemetry values）
非計画送電設備の潮流 （例.エリー湖のループ潮流）	リアルタイムの遠隔測定値（Telemetry values）
設備停止状態	計画的/非計画的にかかわらず 送電制約に影響を与える全停止情報
エネルギー貯蔵装置 （LESR）の蓄電レベル	蓄電レベルのリアルタイムの遠隔測定値 （Telemetry values）

　出力固定発電機は、前日市場によって1時間単位の計画値が算出される。このため計画値は毎時00分に切り替わる可能性があるが、RTD・AGCではその切り替わるタイミングより少し前から、出力変化速度を考慮した配分を開始する（**図3-32**のA点）。そして最終的にコマ開始時刻ちょうど（**図3-32**のB点）にターゲットの計画値に到達するよう制御する。この配分値は、出力変化を開始するタイミングにおける発電機の実出力値にかかわらず、ターゲットとなる計画値をベースに算出される。

　例えば、出力変化速度が2MW/分の発電機において、現在の出力が230MW、次の1時間の出力が200MWの場合、計画値の変わり目の15分前から出力変化を開始する。

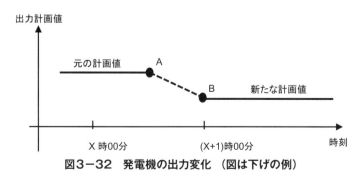

図3-32　発電機の出力変化　（図は下げの例）

発電機の出力変化速度が遅いなど、1時間全体を使っても計画値の差分だけの出力変化を行えない場合がある。このような場合でも、RTDは1時間内で新たな計画値に到達できるように出力配分値を算出していく。RTDの配分値と発電機の最大出力との差は参加者側で負担（精算）することになる。

（4）送電ロスの扱い

エリア内送電ロスは、SCUCとRTC/RTDで同じ潮流計算手法を用い、11の需要ゾーン毎に算出される。これに各ゾーンの需要予測と隣接ISOへの輸出計画値を加えると、必要供給量の合計が求まり、これを満たすような発電計画が計算される。

（5）位相制御送電線の有効電力潮流の扱い

RTC/RTDにおいて、位相調整器が制御する送電線の通常時有効電力潮流（pre-contingency active power flows）は、処理実行時点の遠隔測定値（Telemetry values）で固定される。一方、N-1信頼度計算においては、想定する事故によって系統構成・運用制約が変化するため、当該送電線の潮流（post-contingency flows）は固定せず計算が行われる。

（6）発電機の運用制約やステータスの扱い

発電機の運用制約値は、原則入札時に登録された値が参照される。入札時点から値が変更となるのはメリットオーダ外の指令（OOM：Out of Merit）が行われた場合であり、NYISOの運用者が送電保有者や発電事業者から得た情報を元に制約値を更新する（OOMの詳細は3.3.6項参照）。

発電機のステータスは、予定の情報とリアルタイム情報とが1時間毎に比較され、RTDやAGCで使用される。もし予備力を提供できる発電機が前日のアンシラリーサービス市場で約定せず、当日に

RTD-CAM によって発動されることを希望しない場合、参加者はリアルタイムステータスを「使用不可（unavailable）」で登録しておく必要がある。

3.3.5　予備力の計画と発動

（1）アンシラリーサービス必要カーブ

SCUC や RTC/RTD では、アンシラリーサービスの確保不足を考慮するため各サービスの必要量と価格の関係を定義したカーブ（Ancillary Service Demand Curves）を活用している。カーブには対象地域毎に異なる値が設定され（**表3－17**参照）これに基づいて発電機のアンシラリーサービス約定価格が決定される。

（2）信頼度制約マージン（CRM）と送電制約プライシング

全ての送電設備とインターフェースに対し、信頼度制約マージン（Constrain reliability Margin：CRM）が適用されている。信頼度制約マージンは、送電設備やインターフェースの最大物理容量よりも小さい値を表し、NYISO における経済的なコミットメント（SCUC）やディスパッチ（RTC/RTD）の処理において有効な制約として使用される。このマージンによって発電量や需要量、非計画ループ潮流などの不確実性を考慮しながら計画を作成できる。

信頼度制約マージンのデフォルト値は 20MW で、一般に高圧設備は 20MW 以上、低圧（例えば 115kV）設備は 20MW 以下で設定される。また信頼度制約マージンの値が 0 MW の設備は、他エリア間とのインターフェースや、連系線ボトルネック等が原因で出力増加できないエリア（generation pocket）内の設備などが該当する。

信頼度制約マージンが 0MW の設備は、送電制約価格（Transmission Constraint Price）が単一の $4,000 /MWh で設定される。送電制約

表3−17　アンシラリーサービスの必要カーブ

対象地域	アンシラリーサービスの種類	必要カーブ	
		量[MW]	価格[$/MW]
NYISO 制御エリア全体	周波数制御予備力	25.0まで	25.00
		80.0まで	525.00
		それ以上	775.00
	瞬動予備力	全て	775.00
	10分予備力	全て	750.00
	30分予備力	300.0まで	25.00
		655.0まで	100.00
		955.0まで	200.00
		それ以上	750.00
東ニューヨーク (Eastern New York:EAST)	瞬動予備力	全量一定	25.00
	10分予備力	全量一定	775.00
	30分予備力	全量一定	25.00
東南ニューヨーク (Southeastern New York:SENY)	瞬動予備力	全量一定	25.00
	10分予備力	全量一定	25.00
	30分予備力	全量一定	500.00
ニューヨーク市 (New York City: NYC)	瞬動予備力	全量一定	25.00
	10分予備力	全量一定	25.00
	30分予備力	全量一定	25.00
ロングアイランド (Long Island:LI)	瞬動予備力	全量一定	25.00
	10分予備力	全量一定	25.00
	30分予備力	全量一定	25.00

価格とは前日市場、リアルタイム市場において、設備の送電制約を適切に考慮するために適用される価格メカニズムである。一方信頼度制約マージンが0MW 以外の設備では、追加送電容量に応じた段階的な価格メカニズム（**表3−18**）が適用されている。

表3−18　段階的な送電需要カーブ
(The graduated transmission demand curve)

追加送電容量	価格
～5MW	$350／MWh
5～20MW	$1,175／MWh
20MW以上	$4,000／MWh　（シャドープライス）

（3）運用予備力の計画と発動

　運用予備力は、NYISO が地域毎（例えば東ニューヨークや東南ニューヨーク）に必要量と価格を算出する。

　運用予備力の計画は、RTD の処理の中でエネルギーや周波数制御予備力と同時に最適化される。発動は、通常のディスパッチや RTD-CAM の Reserve Pickup モードなどで行われる。Reserve Pickup モード発動時、発電機は通常応答速度［MW ／分］または 緊急用応答速度［MW ／分］の大きい方でディスパッチされる。また発動指令の経路は NYISO →送電保有者→発電機であり、ICCP を経由して予備力発動（Reserve Pickup：RPU）フラグの付いたベースポイントが送信される。

（4）予備力コンパレータ（Reserve Comparator： RC）機能について

　本機能は、オンラインの EMS 上で通常5分毎に実行される。各地域の予備力必要量と現在の使用可能量をリアルタイムに比較・追跡することで、予備力監視や隣接 ISO との融通量評価を行っている。予備力は三つのカテゴリ別（10 分同期予備力、10 分予備力合計、30 分予備力合計）に監視されている。なおアンシラリーサービスは大きく（1）周波数制御予備力（2）10 分予備力（3）30 分予備力の3種類あり、（2）（3）はそれぞれさらに同期予備力と非同期予備力に分けられる。前述したカテゴリの「10 分予備力合計」とは同期と非同期の区別をせず、応動時間でひとくくりにした予備力の合計を表している。また（2）（3）を合わせて運用予備力とも呼ぶ。

（5）予備力として計上する発電機

　非同期予備力として計上する発電機は、予備力への入札が約定し既に起動開始しているものだけが対象となる。本ルールは 10 分非同期

予備力、30 分非同期予備力の両方に当てはまる。

　一方 10 分同期予備力については、予備力として約定したかにかかわらず全てのディスパッチ可能な発電機を計上の対象とする。

（6）10分予備力の協調的な発動プログラムについて

　北米には、NYISO 以外にも PJM や ISO-New England など複数の需給バランス維持単位が存在する。このエリア単位を NERC では BA（Balancing Authority）と定義している。

　これらの BA が互いに契約を結び、10 分予備力を協調して発動する仕組みが予備力同時発動プログラム（Simultaneous Activation of Reserves：SAR）である。本プログラムでは、ある BA の系統で急な供給力不足が発生した際、すぐに通常状態に戻れるよう BA 同士が協調する。参加している BA は Ontario, ISO-New England, NYISO, PJM の四つがあり、この中で NYISO は中心的コーディネータとして、SAR リクエスト発生の都度、各 BA の SAR 割当量を決定している。

　予備力は BA 間で共有されているわけではない。この点で、SAR プログラムは（NERC で別に定義される）Reserve Sharing Group と区別される。他の BA を支援する BA は、出力変化時間を設けずに計画を変更し、予備力を迅速に発動して支援先 BA に提供する。

　SAR プログラムは以下六つのステップで実行される。

1）予備力の割り当て準備

　　BA のディスパッチ担当者は、自分の系統システムにおける first contingency loss（FCL）を NYISO に対して継続的に連絡する。FCL とは、単一の発電機故障や購入電力の喪失など、不測の事態が発生した際に起こりうる最大の供給不足量である。

　　一方 NYISO は、各 BA に対し他の BA のプログラム参加状況や予備力提供限度、送電容量制約などを継続的に通知する。

2）不測事態の発生通知

　　BA は自エリアで大規模供給源を突然失った場合、すぐに

NYISO に対し SAR の要否を連絡する。このときの連絡手段は地域間直接電話線(the interregional direct telephone lines)である。また、SAR の要否以外に以下の情報も通知する。

　　　・喪失した発電機または購入電力の名称
　　　・喪失した電力合計［MW］
　　　・不測事態の発生時刻
　　　・各 BA の SAR 割当量に影響する送電上／系統安定上の問題

3）予備力の発動

　NYISO の当直長は、(2) で不測事態の連絡を受けると、すぐに各 BA の SAR 割当量を決定し、地域間直接電話線を使って各 BA へ下記情報を通知する。

　　　・その BA の SAR 割当量
　　　・計画変更が有効になる時刻
　　　・不測事態の発生時刻

　支援側 BA に割り当てられた SAR 量は、電力融通計画の一部となりすぐ実行に移される。

4）予備力支援の提供

　支援を行う BA は、NYISO の指令に速やかに応答する。また自分が行った支援に関するレポートも完成させる。

　一方支援される側の BA も、自分に割り当てられた分の予備力発動を実行し、SAR による支援終了後に自立して将来の供給力不足に対応できるよう準備する。

5）予備力支援の終了

　支援を受けていた BA は、自分の SAR 割当量の発動を終了後すぐ NYISO へ連絡する。NYISO はそれを受けて電話会議を開き、全ての参加 BA 同士をつないで支援終了時刻の確認を行う。融通計画の修正版は BA 同士で相互確認しながら作成する。

　もし支援提供側の BA で系統安定度が低下し、割り当てられていた支援ができなくなった場合、NYISO に連絡の上で支援先

BA へ追加の予備力発動を依頼する。

6）後続する不測事態への対応

もしある BA（BA1 とする）で供給力不足が発生し予備力発動（Reserve Pickup）が実行されている状態で、他の BA（BA2 とする）において新たに発電機や購入電力の喪失が起きた場合には、事象の大小にかかわらず BA2 自身の裁量で実施中の予備力支援から退くことができる。そして、自エリアの供給不足に伴う支援の依頼を NYISO へ連絡する。NYISO はそれを受け、BA2 に割り当てられていた SAR 量を BA1 に連絡する。一方 BA2 は、支援中止を反映した新たな融通計画をすぐに作成する。

解説 SAR 量割り当ての具体例

例えば SAR プログラムに参加する PJM が 600MW の発電機損失に見舞われ、NYISO に SAR の要請をした場合、NYISO は以下のように各 BA へ SAR 量を割り当てる。

- ・PJM ＝ 300 MW（不測事態による損失量の 50%）
- ・NYISO ＝ 100 MW
- ・ISO-NE ＝ 100 MW
- ・IESO ＝ 100 MW

上記のように、不測事態が発生した BA は損失量の半分を担当し、他の BA（支援を行う BA）には残量が均等に割り当てられる。

3.3.6　例外的な出力指令プロセス

NYISO は、前日市場やリアルタイム市場のスキーム以外でも、例外的に起動停止指示や出力指令を行うことがある。本項では、リアルタイム断面における例外的な出力指令プロセスとして（1）追加リソース発動プロセス（SRE：Supplemental Resource Evaluation）と（2）経済的にメリットのない発電機への指令（OOM：Out-of-Merit）を解説する。

（1） 調整力不足時における追加リソース発動プロセス（SRE）

NYISO は、エネルギーまたはアンシラリーサービスが不足する場合に、前日市場・リアルタイム市場の枠組み外で追加的に発電機に出力指令を行うことがある。この仕組みは追加リソース発動プロセス（Supplemental Resource Evaluation：SRE）と呼ばれており、NYISO の信頼度要件及びローカルの信頼度要件を満たすために実行される。

SRE は前日計画策定後からリアルタイム市場の入札締切時刻（実需給75分前）までの間に実行される[19]。すなわち、前日市場の演算は終わっているが、RTC による処理を待つのでは遅すぎる場合に、補完措置として SRE が実行される。

SRE の発動目的は信頼度制約違反の解消に限定されており、既存の運用計画のコスト低減のために発動することはできない。また、SRE の発動は手動で行われる。

（2） システムトラブル時に発動するメリットオーダ逸脱指令（OOM）

通常、NYISO では合計コストが最小になるように発電機の運転計画を決定する。しかし通信不具合時や演算失敗時には、例外的に経済的な発電機の優先順位や演算で算出した出力計画に反した指令を送ることがある。

これらの指令は、「経済的にメリットのない発電機への出力指令」（Out-of-Merit Generation への指令、以下「OOM 指令」）と呼ばれる。OOM 指令は、NYISO の判断で実施する場合と、送電保有者の要求に基づいて実施する場合がある。

---

19) SREには、①リアルタイム断面で出力指令を行うプロセスと、②リソース不足に備えて実需給2日前～7日前に出力準備の指令を行うプロセスの2種類があるが、本項では①のリアルタイム断面のSREについて述べる。

1）NYISO の判断で実施する OOM 指令

NYISO は、通信不具合時、RTC の演算失敗時などに、信頼度維持、電圧維持、調整力確保のため OOM 指令を送ることがある。

NYISO が計画値から逸脱した出力値を OOM で指令したとしても、指令を受けた発電機にはインバランスのペナルティーは課されない。また、供給された電力はリアルタイム市場の LMP によって精算される。単価が見合わない場合には、燃料コスト保証のルールにもとづき、追加で費用をもらえることもある。

OOM 指令によって追加で生じた費用は、NYISO 管内の全需要家がアンシラリーサービス料金として負担する[20]。

2）送電保有者からの要求で実施する OOM 指令

送電保有者は、ローカルの信頼度維持や電圧維持のために、発電機に対して OOM 指令として出力増減を要求することができる。対象の発電機と指令の理由は、要請時に送電保有者によって明確化されなければならない。

OOM 指令によって供給された電力は、リアルタイム市場の LMP によって精算される。単価が見合わない場合には、燃料コスト保証のルールにもとづき、追加で費用を精算することもある。

OOM 指令によって追加で生じた費用は、当該送電保有者の地域内の全需要家がアンシラリーサービス料金として負担する。

第3節のまとめ

本節では、NYISO において実需給直前に行われるリアルタイム市場の運用について解説した。リアルタイム市場は、前日計画策定後に生じた変動や差分を調整する場であり、そこで中心となるのは 15 分周期のユニットコミットメント（RTC）と 5 分周期のディスパッチ

---

20) NY City（Zone J）の信頼度維持のためのOOM指令もまた、ISO全体の信頼度のためのものとみなされ、NYISO管内の全需要家がアンシラリーサービス料金として負担する。

（RTD）である。

　RTC では、前日市場の 1 時間単位の計画を引き継いだ上で、必要に応じて 15 分単位の発電機の起動停止を指示する。また隣接 ISO との融通計画も確定する。これらの計画策定処理と並行して、特定の入札による市場支配力を低減するため、RT-AMP と呼ばれる自動補正措置を行っている点も特徴的である。

　RTD では RTC の結果を引き継ぎ、5 分毎の発電機の出力指令値を計算する。RTD で求まった LMP はリアルタイム市場の精算に用いられる。もしも主要発電機喪失など予期せぬ緊急事態が発生した場合には、RTD-CAM と呼ばれる緊急プログラムを実行して通常状態への復旧を試みる。

参考文献：

*1　NYISO Manual 12 Transmission and Dispatch Operations Manual（9/27/2019）
　　https://www.nyiso.com/documents/20142/2923301/trans_disp.pdf/9d91ad95-0281-2b17-5573-f054f7169551

*2　RTC-RTD Convergence Study
　　https://www.nyiso.com/documents/20142/1404816/RTC-RTD%20Convergence%20Study.pdf

*3　Market Participants User's Guide
　　https://www.nyiso.com/documents/20142/3625950/mpug.pdf/

*4　Control Center Requirements Manual
　　https://www.nyiso.com/documents/20142/2923231/M-21-CCRM-v4.0-final.pdf

*5　Ancillary Services Shortage Pricing
　　https://www.nyiso.com/documents/20142/7503488/Ancillary%2BServices%2BShortage%2BPricing_07_10_2019_MIWG_final.pdf

*6　Constraint Reliability Margin（CRM）09/24/2019

https://www.nyiso.com/documents/20142/2267995/Constraint_
Reliability_Margin_CRM.pdf

*7　Constraint Specific Transmission Shortage Pricing
Market Design Concept Proposal
https://www.nyiso.com/documents/20142/2549789/
Constraint%20Specific%20Transmission%20Shortage%20
Pricing%20-%20Paper_Final.pdf

*8　NPCC Regional Reliability Directory #5Reserve
https://www.npcc.org/Standards/Directories/Directory%20
5%20-%20Reserve_20190930.pdf

*9　NPCC Glossary-Northeast Power Coordinating Council
https://www.npcc.org/_Layouts/ViewDocument.aspx?
documentId=136754

*10　Guide to Operating Reserve　IESO
http://www.ieso.ca/-/media/Files/IESO/Document-Library/
training/ORGuide.pdf

*11　RTD Corrective Action Mode COO (2007)
https://www.nyiso.com/documents/20142/1409336/rtd_
corrective_action_mode.doc

*12　TRANSMISSION LOSS MODELING FOR SCUC, RTC, AND
RTD UNDER SMD2 OPERATION
https://www.nyiso.com/documents/20142/1399516/loss_
treatment.pdf

*13　https://www.nyiso.com/documents/20142/3036629/
Energy+Market+Transactions.pdf

*14　NYISO MST-Market Administration and Control Area Services
Tariff
https://nyISOviewer.etariff.biz/ViewerDocLibrary/MasterTa
riffs/9FullTariffNYISOMST.pdf

FTRのオペレーションは
どのように管理しているのか

はじめに-FTRマニュアル

　本節では、PJM Manual 06：Financial Transmission Rights に沿って、FTR を解説する。本章の他節では、主に NYISO のマニュアルに沿って解説してきたが、本章で扱う FTR については、米国においても ISO 等により仕組みが異なり、マニュアルの分かり易さにも大きな差があるため、比較的簡潔で分かり易く、また、FTR の運営では草分け的存在と思われる PJM のマニュアルに沿って解説することとした。

　FTR については、我が国では馴染みが無く、その基本となる考え方を理解している人は少ない。一方で、米国においては、その基本となる考え方は、マニュアル以前の基礎知識であり、マニュアルには解説されていない。FTR の基礎となる考え方については、ハーバード大学のホーガン教授らにより多くの論文が、米国で電力改革が進められた 1996 年前後に書かれている。本節では、まず最初にホーガン教授らの論文に基づいて、FTR の基本となる考え方について解説し基礎知識を高めた上で、その後、PJM のマニュアルについて解説する

こととする。

3.4.1　FTRの基本的な考え方

　第1章で概説したように米国では、ノード毎に電力卸売り価格を定めるノーダルプライシングが採用されている。ここで言うノードとは、NYISO の解説によれば、DSO（配電事業者）、工場等の大規模需要家や発電施設との接続の結節点となる変電所等が一つのノードとなる。つまり、電力が ISO 等から DSO 等へ卸売される地理的な受け渡し地点や ISO 等が発電所から電力を受け取る地理的な受け取り地点となる変電所等で、卸売価格を決めるべき地理的な最小単位といっても良いであろう。これらのノード間を結ぶのが送電線であり、ISO 等の管轄の部分となる。法的には、連邦法の管轄（テキサス等の例外はある。）となる ISO 等と州法の管轄となる DSO 等や発電施設の管轄境界にもなっていることになる。

　これらの送電線で混雑が発生しない場合、即ち、潮流計算により送電線の物理的なキャパシティ等を超える区間が存在しない場合には、全てのノードで電力の卸売価格は同一となる。つまり、全てのノードで共通の全域メリットオーダーにより卸売価格が決定されることになる。どこかの送電区間で混雑が生じると、ISO 等は、メリットオーダーで決定される発電指令を一部変更し、送電混雑の解消を図る。このRe-dispatch の操作により、送電混雑区間の需要地側のノードはメリットオーダーより高コストの発電施設からの電力の供給を受けることになり、送電混雑区間の発電側のノードは、余剰発電施設からの低コストの電力の供給を受けることになるので、送電混雑区間の両側で異なるメリットオーダーに基づき卸売価格が決定され、送電混雑区間を挟んでノード間の価格差が生じることになる。

　このノード価格差のことを米国では「混雑料」と称している。

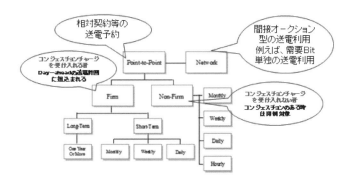

Exhibit 1: PJM Transmission Services 〔PJM－HP〕

注)「Firm Point to point service」も混雑解消の観点等から差別なく
Redispatch、Curtailmentの対象。
○米国のFirmとNon-Firmの相違は、コンジェスチョンチャージを受入れるかどうかの差
　⇒ノーダルプライシングが前提

図3－33　Firm, Non-Firm のPoint-to-Point送電契約

送電混雑発生⇒ノード または ゾーン価格の差⇒混雑料

　米国においては、電力卸売り市場の決済は、顧客が接続しているノードの卸売価格で行うこととなっているため、電力のインプット地点のノード価格と電力のアウトプット地点のノード価格が異なると、アウトプット地点から電力を引き出す者は、ノード価格の差額を混雑料として支払うことになる。これは、混雑に伴う Re-dispatch により、振替送電している費用でもあるので当然のことであろう。

　A地点の発電施設からB地点の需要者へ電力を送る相対契約の場合には、米国では供給側と需要側の相対契約が締結されるのと同時にISO 等に対して送電契約を申請することになるが、このときに第1章で概説した Firm か Non-Firm のいずれかの Point-to-Point 送電契約を結ぶことになる。Firm の Point-to-Point 送電契約を結んだ場合は、A地点のノード価格とB地点のノード価格の差額が混雑料として送電契約の当事者に課されることになり、Non-Firm の場合は、混雑が発生すると送電は打ち切られる。

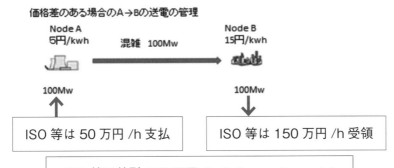

図3−34　送電混雑とCongestion rent（al）

　Firmの Point-to-Point 送電契約の場合の ISO 等は、**図3−34**のように、NodeA では、発電所から NodeA の価格で電力を買い取り、NodeB では、需要側に NodeB の価格で電力を売却することになる。結果として、両ノード価格の差額が ISO 等の収入となることになる。この混雑に伴う収入のことを Congestionrent（al）と称している。

　ホーガン教授の論文で、発電や需要の地理的な分布を市場原理で誘導するためには、人為的に価格操作を加えるゾーン価格や地域統一価格よりもノーダルプライシングが優れている [21] としつつも、混雑をするほど混雑料による ISO 等の収入が増えるのは、混雑解消の見地からは逆インセンティブになるので、この混雑料を Firm の Point-to-Point 送電契約を行い混雑料を支払った人に何らかの形で還元し、混雑に伴う卸売電力価格の変動のリスクヘッジとするべきとの提案がさ

21）ノーダルプライシングとゾーンプライシング：ノーダルプライシングで、NodeAが5円／kwh、NodeBが15円／kwhのときに発電所は、発電所が少なく需要の多いNodeBに立地して15円／kwhで電力を売った方が有利となりNodeBに立地が誘導される。もし同じ地域で全体に平均価格10円／kwhが適用されると、NodeBに立地すると市場の実勢より5円／kwhの損失となり、NodeAに立地すると市場の実勢より5円／kwhの利得になる。これは、既に発電施設が過剰なNodeAに5円／kwhの立地補助を行って、更に発電施設を誘致しているような効果を持ち、混雑解消の面からは強い逆インセンティブとなる。

れた。このように混雑料を何らかの形で還元する仕組みがFTRである。Congestion rent（al）という言葉にも、ISO等が一時的に預かるというニュアンスがあるのではないかと思う。

　次に、どのようにCongestion rent（al）をFirmのPoint-to-Point送電契約の当事者に還元するのかということになるが、ホーガン教授は、Transmission capacity reservations and transmission congestion contracts（William W. Hogan, Center for Business and Government　John F. Kennedy School of Government　Harvard University）という論文の中でこの点について解説している。

　米国では、電力改革が始まるよりかなり前にガス改革が行われており、ガスの市場化に伴う価格変動に対応した様々なリスクヘッジの方法が考案されている。恐らくこのよう多様なリスクヘッジの方法の一部が電力市場にも転用されてきているのではないかと推察される。ホーガン等は、CONGESTION CONTRACTSとFTRを組み合わせることで混雑に伴う電力卸売価格変動のリスクヘッジとするという手法を提案している。

　Transmission Congestion Contractについてまず解説する。Transmission Congestion Contractとは、実際のノード価格の変動にかかわらず契約で取り決めた一定の取引価格になるように契約の当事者間で相互補填するものである。価格変動に対するリスクヘッジの一つの手法である。例えば、NodeAの発電とNodeBの需要家の間で相対契約を結ぶ時に、同時にNodeAの発電とNodeBの需要家の間で10円／kwhのTransmission Congestion Contractを締結したとする。NodeAとNodeBの間に混雑が無い場合には、電力価格は、NodeAとNodeBは同額で、例えば、6円／kwhであれば、需要側が10 − 6 ＝ 4円／kwhを発電側に電力市場取引とは別に支払うことにより、双方共に10円／kwhで取引したことになる。また、電力需給が逼迫して13円／kwhであれば、発電側は、13 − 10 ＝ 3円／kwhを需

要側に支払うことにより、双方共に10円／kwhで取引したのと同等になる。このような契約を長期契約として平均的な電力価格を目安として取り交わすことにより、電力市場の価格変動をヘッジし、需要側も発電側も長期的視野で安定的な経営を行うことが可能となる。

　ここで送電混雑が発生した場合にはどのようになるであろうか。ホーガン教授の論文から引用すると以下の通りとなる。

　図3-35 は、NodeA に新ガス発電、旧原子力発電、NodeB に旧ガス発電、新石炭発電と大都市需要が接続され、NodeA 、NodeB 間は送電線で接続されているというグリッドモデルで、各発電施設の発電コストは、新ガス発電4¢、旧原子力発電2¢、旧ガス発電7¢、新石炭発電3¢と設定されている。需要が小さくNodeA 、NodeB 間の混雑が発生しない場合には、需要地におけるメリットオーダーは、NodeA 、NodeB のメリットオーダーを合成したものとなり、需給のバランス点は、新石炭発電3¢となっている。

　需要が増加し、新ガス発電からの供給が必要になると、NodeA － NodeB 間の送電線の物理的限界に達し、混雑が無ければ新ガス発電に給電指令が出るはずの電力の一部が出力抑制となり、その代

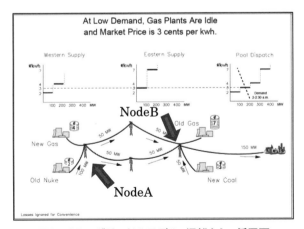

図3-35　グリッドのモデル：混雑なし・低需要

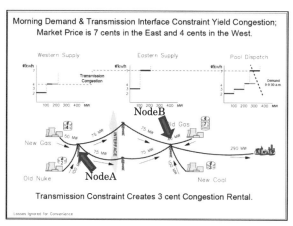

図3-36　グリッドのモデル：混雑あり・高需要

りに NodeB に接続されているコストの高い旧ガス発電に出力指令が出されるという Re-dispatch の操作が行われる。この Re-dispatch により、NodeA と NodeB のノード価格は分離し、NodeA は 4 ¢、NodeB は 7 ¢ となる。この結果、混雑料として、ISO には 7 - 4 = 3 ¢ の Congestion rent（al）が入ることになる。ちなみに、逆方向の NodeB ⇒ NodeA の送電に関する混雑料は - 3 ¢ となる。混雑料には、正負の符号があることに留意する必要がある。

　ここで単純に Congestion rent（al）を NodeA の発電側に還元すると、発電側は NodeB の需要地の価格で売電したのと同等となり、逆に、NodeB の需要の側に還元すると需要側は NodeA の安い価格で買電したのと同等となる。

　この状態で、Transmission Congestion Contract が存在するとどのようになるであろうか。NodeA の発電と NodeB の需要家の間で相対契約を結ぶときに、NodeA の発電と NodeB の需要家の間で同時に 5 ¢ の Transmission Congestion Contract が締結されたていたとする。NodeA の発電側は、4 ¢ で ISO に売電することになるので、5 - 4 = 1 ¢ を需要側から補填してもらう必要がある。一方で需要側は、

7￠でISOから買電しているので、7－5＝2￠を発電側から補填してもらう必要がある。ここで、ISOがTransmission Congestion Contractの当事者にCongestion rent（al）の3￠を還元すると、発電側⇒需要側の補填額2￠と需要側⇒発電側1￠の両者を賄うことが可能となり、混雑発生時にもTransmission Congestion Contractを、リスクヘッジとして機能させることが可能となる。

　以上のように米国では、ノーダルプライシングの結果、混雑時区間の送電に際してISOに入るCongestion rent（al）を、Firm送電契約の当事者等にリスクヘッジの手段として還元されるべきものとして捉えて、FTR（Finantial Transmission right）と称している。

　ISOのコンピューター上では、混雑が発生し、ノード価格差が発生したあらゆる区間についてCongestion rent（al）を集計しているが、実際に個々のTransmission Congestion Contractの組み合わせ全てについてISOが対応するのは、煩雑となるのでISO毎に様々なCongestion rent（al）の還元の方法を考えている。また、米国ではCongestion rent（al）は、混雑区間の送電設備増強のために用いるべきという議論もあり、送電所有者にも還元するような仕組みとしているISOもあるようである。

　多くのISOでは、グリッド全体で年間の潮流をシミュレーションし、予めCongestion rent（al）の総予想額を算出したうえで、これをまとめて何らかの方法で配分している。送電混雑により発生するCongestion rent（al）は、相対契約に伴う送電契約だけではなく、ネットワーク契約で発電施設を特定せずに市場から購入する場合にも発生しているので、通常、Transmission Congestion Contractで必要とするCongestion rent（al）より多くのCongestion rent（al）がISOの手元に集まる。このため、米国においては、Congestion rent（al）が不足するという事態は起きていないようである。

3.4.2 FERCのFTRの解説

FTRについてのFERCの解説は、以下の通りである。

(1) FTRとは

・FTRは、市場参加者に、前日市場における送電混雑コストに対するヘッジを与える契約であり、グリッド上の特定の経路上の送電混雑から生じるコストからFTR保有者を保護するものである。

・FTRは過去のグリッド使用状況に基づいて、ISO等の需要側事業体、Firm送電契約者、送電設備新設の資金を提供する事業体等に割り当てられているが、プログラムの詳細はISO等によって異なる。FTRは割当、または、ISO等が管理するオークション、二次流通市場で入手することができる。

・割当の方法としては、直接割当の他に、FTRオークション収益権（ARR）を割当てることがある。ARRは、FTRオークションで調達された収益を混雑時送電量に比例的に、Firm送電顧客、送電所有者、または需要側事業者に配分提供するもの。一般に、それらは供給された過去の負荷に基づいて割り当てられる。

・FTRを調達するための主な方法は、通常、1年FTRの年次オークション、二次市場での既存のFTR保有者からの購入、ISO等によって追加補給される短期FTRの月次オークションである。オークションはISO等によってスケジュールされ、実行される。

解説 FTRは、理論的には、Transmission Congestion Contractの所有者、つまり相対契約に基づくFirm送電契約の当事者に無償で割り当てられるべきものであろう。しかしながら一般にTransmission Congestion Contractは1年契約等比較的長期の契約になるので、例えば、既存の送電契約については、ISO

は、1年分の Congestion rent（al）の発生量を予測して、1年分まとめて配分するといったことが行われる。この場合には、Congestion rent（al）の発生量は、既存の契約に関するものを潮流シミュレーションにより算定することになるので、新規の参入者には FTR が割り当てられないことになってしまう。これを改善するために、ARR の配分という方法が導入されたのではないかと思われる。ARR というのは、FTR のオークションを ISO 等が行った場合のオークションの収益の配分受取権である。FTR の入手機会均等化のために ISO 等は、オークションは導入するが、ISO 等は収益を稼ぐために FTR オークションを実施するのではないので、オークションの収益分をオークション参加者に還元してしまうというややこしいシステムである。この場合、FTR 自体は、新・旧どちらの送電契約者にも入手可能となるが、既存の継続契約者に対しては ARR として、FTR オークションの収益を無償で配分することにより、事実上、既存契約者に対してオークションに伴う追加的な経費負担を軽減するものである。つまり、理論上、本来、FTR を割り当てられるべき FTR 算出の根拠となった既存契約者に対して ARR を配分して、FTR 自体の割り当てに代えるということであろう。

　FTR の権利は、送電混雑が発生した場合に、混雑に伴う Congestion rent（al）を受け取れる権利なので、一定の確率で混雑の予想される区間・時間帯では、FTR の保有者は、一定の確率で収入を得ることになる。また、この FTR による収入期待値は ISO 等がオークションに当たって算出する Congestion rent（al）の期待値でもある。これは、Firm 送電契約者以外の例えば、金融機関等の FTR オークション参加者でも同様であり、オークションでは、収入期待値 ± α の価格が形成されることになる。このオークションの売り上げ収入を ARR として、Firm 送電契約者に配分し、オークションに参加する金融機関等より、実態として

FTR の入手可能性を上げることにしているのであろう。

　米国では PJM、MISO、SPP、 及び ISO-NE の ISO 等は、ARR 方式を取っているが、FTR をより直接的に本来配分されるべき送電契約保有者に割り当てているところもある。また、ほとんどの ISO 等では、FTR の所有者は、保有する FTR の一部または全部を二次市場で第三者に売却することが可能となっている。PJM のように既存の送電契約者が、割り当てられた ARR を用いて自動的に FTR オークションへの参加・決済を行えるようなシステムとなっているところもある。

(2) FTR の分類

・フロータイプ：

　フロー FTR は、一般に、既存発電の豊富な場所にインプット地点があり、既存の大負荷地域にアウトプット地点を設定するものである。また、インプット地点が送電制約されていない側にあり、アウトプット地点が送電制約された地域の側にあるものもフロー FTR として分類される。一般的にフロー FTR のオークション清算価格はプラスとなる。逆に、逆向きの FTR は既存の大負荷地域にインプット地点があり、既存発電の豊富な地域にアウトプット地点を持つため、オークション決済価格はマイナスとなる。

・ピークタイプ：

　FTR は、16 時間オンピークブロック、8 時間オフピークブロック、または 24 時間のタイプが購入できる。PJM のみが三つのタイプの FTR を全て提供している。NYISO は 24 時間タイプのみを提供している。他の RTO は、ピーク時及びオフピーク時のタイプを提供している。

解説 FREC は、FTR をフロータイプ、ピークタイプのように分類している。Congestion rent（al）は、送電混雑の発生する各区間、各時間帯毎に発生するわけであるが、FTR の概念は分かりにくいので、恐らくは FTR を利用する側が利用しやすいように典型的な Congestion rent（al）の発生パターンを分類して、長期的マクロな FTR の概念に整理しているものと思われる。

　一般に大都市等の大需要地ではノード価格が高騰し、一方で地方の発電施設が多数立地する発電地帯ではノード価格が低下することを踏まえて、Congestion rent（al）の典型的な発生パターンとして、発電地帯ノード⇒大需要地帯ノードの FTR をフロータイプとしている。また、電力のアウトプット地点が送電制約により孤立していて、インプット地点の側はその外側にあるような場合にも同様な Congestion rent（al）の発生パターンとなる。このような地域的な特徴を踏まえた FTR のマクロな入手・活用が考えられる。また、時系列的に見ると、混雑の発生する時間は電力需要の多い時間帯に限られるので、混雑時間帯の FTR のみをマクロに入手・活用するということも考えられる。このようなニーズに対応した分類として、16 時間オンピークブロックのようなピークに特化したピークタイプ FTR もある。

3.4.3　PJMのFTRマニュアル

PJM の FTR マニュアルは、以下の内容で構成されている。
・FTR の定義とその目的
・FTR の経済的価値の計算方法
・FTR オークションまたは FTR オークションで FTR の売買に参加するための要件
・市場参加者の行うべき FTR 関連アクションの概要

・PJM の FTR 関連のアクションの概要

1−1．FTR の定義と目的
・FTR は、送電網が前日市場で混雑し、混雑を回避するためにメリットオーダーから外れた発電指令が発出されることに伴い発生する前日市場の混雑料金の差により生じる送電混雑料金の補償を受ける権利を FTR 保有者に付与する金融的手段である。

> **解説** FTR が前日市場での混雑に対応していること、混雑の解消のために Re-dispatch によりメリットオーダーから外れることにより生ずる混雑料金の地点間の差を補償するものであることを述べている。ここで「混雑料金の地点間の差」としているのは、先に説明したように基準 Node を定めて、この基準ノード価格に対する各 Node 価格の差を各 Node の混雑料金として表示しているため、基準 Node 以外の二つの Node 間の混雑料金は、両 Node の混雑料金の差を取ることにより求められるからである。

・各 FTR は、電力投入地点（PJM グリッドに電力が投入される場所）から電力引出地点（PJM グリッドから電力が引き出される場所）までの間で定義される。FTR で指定された電力投入地点と電力引出地点との間で送電システムに混雑が発生している時間毎に、FTR の所有者には市場参加者から徴収された混雑料の一部相当部分が与えられる。

> **解説** FTR が電力のグリッドへのインプット地点とアウトプット地点の間で定義され、かつ、送電混雑が発生している時間に当該区間の送電利用者から徴収される混雑料を原資としていることを示している。また、当該区間の送電利用者は、通常複数存在するので、通常は、当該区間の送電利用者は自分の送電量相当分の

FTR を比例配分で確保することになる。

　FTR：「Ａノード⇒Ｂノードの何時～何時の○ kW 送電の
FTR」＝「Ａノード⇒Ｂノードの間で何時～何時に発生した
Congestion rent（al）の○ kW ／総送電量に相当する分の受取権」

　・FTR の目的の一つは、実際のエネルギー供給が Firm 送電予約
と一致している場合に、Firm 送電サービスの顧客を、送電混雑によ
るコストの増加から保護することである。 基本的に、FTR は、Firm
送電サービスの顧客が支払った混雑料の払い戻しを FTR 保有者に付
与する金融手段である。市場参加者は、オプションまたは義務の形で
FTR を取得することができる。これらは物理的な送電のための権利
ではない。FTR の保有者は、混雑クレジットを受け取るためにエネ
ルギーを送電する必要はない。

解説　先にホーガン教授の理論に基づき説明したように、Firm
送電予約で予約した通りにエネルギー供給が行われ、かつ、Firm
送電予約に対応した FTR を取得していた場合には、Firm 送電予
約の当事者には、送電に伴う混雑料に相当する Congestion rent
（al）が還元され、さらに Transmission Congestion Contract が
当事者間で交わされていれば、その当事者間の配分も理に適った
方法でなされることになる。FTR の取得は、一般的に、ISO 等
により、Firm 送電予約者に自動的に割り当てられるところとオー
クション等で入手する方式のところと両者ある。FTR を混雑料
対策として利用するかどうかは、Firm 送電予約者の判断であり、
持っている FTR の権利を第三者に転売することも可能である。
また、FTR は Congestion rent（al）の受取権なので、FTR と
Firm 送電権は別のものであり、FTR を入手していても Firm 送電
権が付与されるわけではないし、また、FTR を持っていても実
送電の義務が生じるわけでもない。

・前日市場で送電システムに混雑が発生した場合、FTR の保有者は、FTR の MW 予約と電力引出地点と電力投入地点との間の混雑料の差の積に基づいてクレジットを受け取る。 このクレジットは、誰がエネルギーを供給したかにかかわりなく、また、FTR で指定されたパスで供給された電力量にかかわりなく、所有者に支払われる。

・長期 FTR オークション、年次 FTR オークション、月次 FTR オークション、または FTR セカンダリーマーケットの四つの市場メカニズムで FTR を取得できる。

解説 ここでは、FTR の取得者は、前日市場価格における
予約した FTR の MW ×（払出地点混雑料－注入地点混雑料）
に基づいて Congestion rent（al）が、還元されることが述べられている。FTR の権利は、権利が確保されれば、実際に FTR で指定された区間で送電された電力量にかかわらず、（FTR で指定された MW）×（払出地点混雑料－注入地点混雑料）で支払われる。ホーガン教授の理論では、実際に生じた Congestion rent（al）を還元するというのが理想形であるが、FTR の計算が煩雑になるので、マクロの計算で例えば長期間の収支で、Firm 送電契約者もリスクヘッジでき、ISO 等も Congestion rent（al）の収支が取れれば良いという考えて、適宜、簡略化していると考えて良いであろう。

PJM の場合、FTR は、長期 FTR オークション、年次 FTR オークション、月次 FTR オークションで、まず、配分される。これらのオークションで入手された FTR は、さらに FTR セカンダリーマーケットで転売可能となっている。以下、各マーケットについて、説明がなされている。

・長期 FTR オークション －
PJM は、長期 FTR オークションが実施される計画期間の直後の連

続する3計画期間（3年分）について、マルチラウンドプロセスにより長期FTR売買プロセスを実施する。 長期FTRオークションで売りに出される容量は、直前の年次FTRオークションプロセスで割り当てられた全てのFTRを既定の電力投入・電力引出として設定した後にシステムに残る残余容量となる。

解説 電力市場においても、一般的に、発電側、需要側双方共に、市場の価格変動を何らかの手段でリスクヘッジし、長期的に安定な収入を確保できるような手段を求めることになる。FTRについても利用側からすれば、長期間のヘッジができることが、好ましいことになるが、FTRの性格上、送電混雑による混雑料の発生は、その時々の需給や気象条件、発電施設の状況により、大きく変動するので、前年実績に基づいて翌年のFTRを販売するのが、通常であろう。

　一方で、前年実績により、Congestion rent（al）の発生総量を算出するときは、計算機上であらゆるCongestion rent（al）を積算することができる。例えば、相対契約に伴うFirm送電契約に伴うCongestion rent（al）だけではなく、ネットワーク契約により発電施設をを指定せずに需要側が電力を市場調達する場合であっても、混雑があれば、実際に供給している発電施設と需要の間では、Congestion rent（al）が発生しており、計算上はこれらの市場関係者が予期しないCongestion rent（al）が、ISO等の収入として算出されることになる。

　ここで、Firm送電契約の対象者を中心に、年間のFTRを何回かに分けてオークションにより分配しても、残余する区間・時間帯のFTRが存在することが想定される。これらの残余FTRをまとめて3年間の長期FTRとして、販売している。

・年次FTRオークション −

　PJMは、マルチラウンドオークションを通じてFTRの売買の年間プロセスを実施する。年次FTRオークションでは、当該年のPJMシステムで利用可能な全FTRを販売している。オークション収益権（ARR）は、年次FTRオークションからの収益を配分するためのメカニズム。

　解説　年次FTRオークションは、PJMのFTRオークションの中心となるFTRオークションである。PJMは、前年度実績に基づき算出された当該年の1年間の全てのFTRを年次オークションで配分する。買い手は、区間、期間、送電量を指定してFTRの入札を行うことになる。1年間通してFTRを入手することも可能であり、混雑時期を指定してFTRを入手することも可能である。

・月次FTRオークション −

　PJMは、オークションによりFTRの売買を月毎に行っている。月次FTRオークションは、年次及び長期FTRオークションにより配分された後に利用可能な全ての残余FTRを対象とする。ここは、また、市場参加者が既に保有しているFTRを売る機会ともなる。市場参加者は、FTR Centerと呼ばれるインターネットコンピュータアプリケーションを介してFTRの売却または購入要求を出せる。

　解説　月次FTRオークションは、年次、長期のオークションにより配分された後に更に残ったFTRを毎月開催されるオークションで分配するものである。ここは、FTRの二次市場の機能も有しており、既に入手しているFTRを月次FTR市場で転売することもできる。この場合、市場参加者は、インターネット上のFTR Centerを介して売り、買いのBitを月次FTR市場に提出す

ることが可能となっている。

・Secondary 市場 −
FTR Secondary 市場は、FTR Center と呼ばれるインターネット
コンピュータアプリケーションを介して PJM メンバー間で既存の
FTR の取引を促進する相対取引システムである。

解説 その他に、二次市場として、先の FTR Center を介して、
FTR の所有者は、PJM システムのメンバー間で FTR の相対取引
を常時行うことができる。

1−2．FTRの評価
・FTR の 1 時間あたりの経済的価値は、FTR の MW 予約、及び
FTR で指定された電力引出地点と電力投入地点の間の前日市場混雑
料金の差に基づいている。したがって、FTR が経済的利益を提供で
きることに注意することは重要であるが、それは所有者への請求をも
たらす財政的責務でもある可能性がある。

解説 ここで注意喚起されていることは、FTR は先に説明され
ているように、
　　MW ×（払出地点混雑料−注入地点混雑料）
で算出されているが、FTR は、
　　「Aノード⇒Bノード　のFTR」
という「方向性」を持った概念でもあるということである。FTR
が送電地帯⇒需要地帯の順方向の FTR の場合には、混雑料はプ
ラスの符号となるが、同じ区間で逆向きの
　　「Bノード⇒Aノード　のFTR」
を購入すると混雑料の符号がマイナスとなり、FTR もマイナス
の FTR と成ることに留意する必要がある。つまり、順方向の

FTR は収入になるが、逆方向の FTR は、債務となることに留意
する必要がある。

FTR の義務
　・FTR の１時間当たりの経済的価値は、FTR MW の予約、及び
FTR で指定されているシンクポイント（電力引出地点）とソースポ
イント（電力投入地点）の前日市場の混雑料の差に基づいている。
　・FTR の指定パスが混雑フローと同じ方向にある場合、FTR の時
間当たりの経済的価値はプラスになる（メリット）。（電力引出地点で
の前日市場の混雑料は、電力投入地点での前日市場の混雑料よりも高
くなる。）
　・指定パスが混雑フローと反対向の場合、FTR の時間当たりの経
済的価値は負（負債）となる。（電力投入地点での前日市場混雑料は、
電力引出地点での前日市場混雑料よりも高い。）しかし、もし FTR 所
有者が指定された経路に沿って実際にエネルギーを送電するならば、
彼らは FTR 債務を相殺するであろう混雑料を受け取ることになる。

　解説　ここでは、先程の債務となる場合について、やや詳しい
説明をしている。
　FTR の経済的価値は、先に説明したように前日市場価格にお
ける
　　予約した FTR の　MW ×（電力引出地点混雑料－電力投入地
点混雑料）
を混雑時の時間毎に積算していったものとなるので、FTR で指
定した送電方向が、「混雑している方向」である場合には、
　　電力引出地点混雑料＞電力投入地点混雑料
となり、FTR の経済価値はプラスとなるが、「混雑している方向
と逆方向」の場合には、
　　電力引出地点混雑料＜電力投入地点混雑料

となり、FTR の経済的価値もマイナスとなる。

NodeA 5円　←100MW　NodeB 15円

ISO 等は 50 万円／h 受領	ISO 等は 150 万円／h 支払

ISO 等は差引－ 100 万円／h の Congestionrental

　例えば、以下の例に示すような混雑と逆方向の送電の場合、ISO等から見るとCongestion rent（al）は、100万円の損失となり、送電契約の当事者は送電に伴い 100 万円の利益を得ていることになる。つまり、送電により得た利益を FTR で ISO に返還するという形になるので、実は、逆方向の FTR で ISO に対して債務が生じても、実送電していれば損はしていないことになる。

　実際の場面では、混雑時の逆方向の送電は ISO 等に取っても混雑解消に寄与し歓迎すべきものとなり、また、混雑時でも逆方向の送電は混雑の影響を受けないわけであるが、送電契約に伴い機械的に FTR の入手をセットで行うような運用をしていたり、実送電を行わない第三者が FTR を購入した場合には注意する必要があるという注意喚起がここでは行われている。

1－3．参加者の資格とプロセス

資格：PJM の Member であること。
プロセス：PJM の FTR Center に入力することで売買ができる。

解説　この FTR のプロセスに参加するには、PJM のメンバーに加盟し、システムに参加する必要があり、メンバーは PJM の FTR Center にアクセスして、FTRの売買に参加することができる。

1−4．PJM のアクション

PJM は次のことを行う。
・FTR の同時実行可能性テスト（SFT）を実施する。
・SFT 結果及び FTR オークションで授与された FTR を顧客に通知する。
・FTR オークションの開始、監督、市場決済

解説　PJM は、FTR の提供に当たって、市場で売買される多数の FTR が潮流計算と整合の取れ、同時に成立するものであることを確認した上で、オークションの結果を顧客に通知する。また、PJM は、FTR のオークションの運営を行う。

2−1．ARR の定義と目的

・Auction Revenue Rights（ARR）は、年次 FTR オークションからの収益を配分するためのメカニズムである。ARR は、年次 FTR オークションからの収益の配分を受ける権利を Firm 送電契約顧客に毎年割り当てるものである。

・ARR は、ネットワーク送電契約の顧客及び Firm Point-to-Point 送電契約の顧客に割り当てられる。市場参加者は ARR を要求し、PJM は同時実現可能性テストの結果に基づいて要求の全部、一部を承認する。

・各年間計画期間の開始時に、ARR は、年間計画期間中を対象として、ネットワーク送電契約の顧客及び Firm Point-to-Point 送電契約の顧客に割り当てられる。

解説　ここからは、ARR の説明となる。ARR は、先に説明したように年次の FTR オークションの収益の配分を受ける権利を Firm 送電契約顧客に毎年割り当てるものである。Firm 送電契約顧客とは、「混雑料」の支払いを受け入れる顧客である。ネットワー

ク送電契約の顧客は、発電施設を指定せずに最寄りの Node から
その Node 価格で卸売電力を購入する顧客で、自動的に混雑料が
課されることになる。Firm Point-to-Point 送電契約の顧客は、相
対契約に伴う発電所と需要点を結ぶ送電契約に際して「混雑料」
の支払いを受け入れた顧客であり、やはり混雑料が課されること
になる。これらの顧客に対しては、PJM は、ARR を割り当て得
ることとしている。米国の ISO 等により、この辺の運用は異な
りネットワーク送電契約の顧客に対しての割り当てを行わない
ISO 等もあるようである。これらの ARR 配分の有資格者は、送
電契約の内容に応じた ARR の配分を PJM に要求し、PJM は、
各要求の妥当性を潮流計算等により確認したうえで、要求された
ARR の全部または、一部の配分を承認する。ARR は、毎年、年
間計画の開始時点に 1 年分の割り当てが行われる。

　混雑料の支払いを受け入れない Non-Firm Point-to-Point 送電
契約の顧客は、混雑が発生時の Re-dispatch コストを受け入れな
いということでもある。混雑時に Non-Firm Point-to-Point 送電
契約の顧客の送電分については、Re-dispatch が行われず送電が
打ち切られるので、混雑料も発生しない。なお、Non-Firm の顧
客は、「発電施設の種類」や「新旧」で区分されるのではなく、「混
雑料の受け入れの可否」で区分されるのが世界標準であり、我が
国で使われている概念とは全く異なるという点には留意しておく
必要があろう。

ネットワーク・インテグレーション・サービス
・ネットワーク・インテグレーション・サービスの ARR は、特定
の発電施設から顧客のアグリゲートされた負荷までのパスに沿って指
定される。
・ネットワークサービスカスタマーは、アクティブな既存発電リソー
スまたは適格代替発電リソース（QRR）の全部または一部に関して

ARR を要求することができる。

・ゾーンへのネットワークサービス顧客の合計 ARR 指定は、その
ゾーン内の顧客の合計ネットワーク負荷を超えることはできない。

・ネットワークサービスの顧客は PJM eTools を介して ARR リク
エストを行う。

解説 　発電施設との相対契約ではなく、需要家が発電施設を指
定せずに卸売電力市場から電力を購入する場合は、ここで言う
ネットワークサービスの顧客ということになる。ネットワーク
サービスの顧客に対しては、個々の顧客がアグリゲートされ、一
つの電力引出地点にまとめられる場合(例えばDSOのように)に、
過去の実績から主として電力の供給源となると考えられる特定の
発電施設を指定して ARR の要求をすることができる。代替発電
リソースというのも過去の実績から、主たるリソースが定期点検
等の時の主たる代替電源を ARR の電力投入地点として指定でき
るのではないかと思われる。ネットワークサービスの顧客による
ARR の要求の根拠は、相対契約の場合のように明確ではないの
で、ゾーンで区切って、そのゾーン内の全てのネットワークサー
ビス顧客の ARR の要求が、ゾーン内の電力負荷の合計を超える
ことが無いように ISO 等はチェックする必要がある。

　ネットワークサービスの顧客は、PJM eTools を用いて ARR
の要求を行うことができる。

・Firm Point-to-Point サービス

・PJM は、同時実行可能性テストに合格することを条件として、
ARR を Firm Point-to-Point サービスの顧客に割り当てる。

・電力投入地点は、PJM 内の発電施設か、または隣接制御域との
接続ポイントのいずれかとなる。電力引出地点は、OASIS で指定さ
れた一連のロードバス、または隣接制御域との接続地点となる。

・ARR の期間は、関連する送電契約（TSR）と同じとなる。Point-to-Point の顧客は、送電予約と整合した ARR を要求することができる。

解説 Firm Point-to-Point サービスの顧客に対しては、PJM 内に発電施設がある場合には、その発電施設を電力投入地点とし、PJM 域外から電力を移入する場合は、隣接 ISO 等との境界の接続ポイントを電力投入地点として ARR を要求することになる。電力引出地点についても同様で、需要点が PJM 内の場合には、その地点、PJM の外部の場合には、境界の接続ポイントということになる。ARR の要求できる期間は、相対契約に伴う、送電契約の期間と整合の取れたものとする必要がある。

2−2．ARR の評価
・ARR は、電力投入地点、電力引出地点により MW 毎に定義される。各 ARR の経済的価値は、年間 FTR オークションに関連する電力投入地点、電力引出地点との間のノード価格の差と MW 量に基づく。ARR の経済的価値は、プラス（利益）またはマイナス（負債）のいずれかとなる。

解説 ARR は、FTR と同様に電力投入地点、電力引出地点を指定し、MW 単位で規定され、個別の ARR の持つ経済価値は、電力投入地点、電力引出地点のノード価格差に MW 数を乗じたものに基づき設定されることになる。FTR の場合と同様に混雑している送電方向に応じて＋－が生ずることになる。

・FTR オークションの年間収益は ARR の経済的価値に比例して ARR 保有者に分配される。
・ARR の決済は、年次 FTR オークションの各ラウンドにおける清

算価格に基づく。ARR 保有者が各ラウンドで受け取るべきクレジットの額は、ARR の MW 量（ラウンド数で除算）× ARR 電力引出点と ARR 電力投入点の価格差に等しくなり、次の式で示される。

ARR Target Allocation = (ARR MW / # of rounds) * (LMP$_{Sink}$ - LMP$_{Source}$)

注：上記の式の LMP 値は、年間 FTR オークションの各ラウンドの結果である。

解説 FTR オークションの年間収益の配分方法については、各 ARR 保有者の持つ ARR の経済価値に比例して配分される。年次 FTR オークションの各ラウンド毎の精算価格に基づき、ARR クレジットが配分されるわけであるが、要求 ARR の規模（MW）は要求承認時点で既に決定されているので、FTR オークションで想定された電力引出点と電力投入点の LMP の差により、配分される ARR のクレジットの額が決まることになる。

・ARR 所有者は、割り当てられた ARR を保持し、年次 FTR オークションから関連する収益の割り当てを受け取ることができる。
・ARR 保有者はまた、年次 FTR オークションの第 1 ラウンドで ARR を FTR に「自己スケジューリング」することによって、割り当てられた ARR からの収益を利用して FTR を購入することができる。
・「自己スケジュール設定」の場合、FTR は関連付けられた ARR と同じパスを持つ必要がある。

解説 ARR の所有者は、ARR で指定されている電力投入点・電力引出点・KW 数に相当する分だけ、年次 FTR オークションの収益を受け取ることができる。ということは、ARR で指定された電力投入地点・電力引出地点・KW 数に相当する分の FTR

を落札価格で購入できるだけの額を ARR で受け取ることができるということでもある。そこで、PJM は、更に ARR の保有者の便宜を図るために、「自己スケジューリング（Self-scheduling）」のサービスを提供している。年次 FTR オークションの第一ラウンドで ARR を FTR の購入に「自己スケジューリング」することによって、ARR の所有者は、ARR を用いて自動的に FTR を購入することができるようになっている。この場合、ARR と FTR は、当然、同じ電力投入点・電力引出点である必要がある。

次の計画年の混雑時における LMP 価格の差の見込み方によって FTR オークションの落札価格は変動することになる。単に前年度の実績により推定された FTR と異なり、オークションの結果には、PJM の提供する過去の実績と異なる様々な次年度の価格変動要因に基づく変動予測を FTR の購入者が判断した結果が含まれていると考えることができよう。

3−1. ネットワーク・インテグレーション・サービス ARR の実施手順

①ネットワークサービスカスタマーは、FTR Center を使用してネットワーク・インテグレーション・サービス ARR の要求を出す。

②PJM は、承認された ARR を PJM FTR データベースに入力する。

解説　ネットワーク顧客は、FTR Center を用いて、要求を出し、PJM は、要求を審査したうえで承認した ARR を PJM FTR データベースに入力することになる。この承認の際に行われる手続きは以下の通りとなる。

規則とガイドライン

・PJM の承認を得る前に、全ての Network Integration Service ARR の要求は同時実行可能性テストに合格する必要がある。

・PJM は、同時実行可能性テストの結果に基づいて、ARR 要求の全部、一部の承認、または拒否ができる。

・各 Network Integration Service ARR のパスは、特定のアクティブな既存発電所または適格代替発電所から、特定の送電ゾーンまたは指定されたアグリゲーション負荷まで定義される。

・アクティブな既存発電所または適格代替発電所から需要側の負荷に対する ARR の合計は、需要者に割り当てられた発電所の MW の量に比例する量を超えてはならない。

・送電ゾーンまたはロードアグリゲーションゾーンの参加者の合計 ARR 量は、そのゾーンまたはロードアグリゲーションゾーンの参加者の合計ネットワーク負荷を超えることはできない。

・ARR は 0.1 MW 単位に四捨五入される。

解説 ARR の要求は、潮流計算と整合が取れる必要があり、同時点の全ての ARR が同時に成立するものか検証したうえで、PJM は、要求された ARR の全部または一部の承認を行う。また、ネットワーク顧客用の ARR に特有のゾーンの上限のチェックなどもここで検証されることになる。

3－2．Firm Point-to-Point ARR

年間の ARR の割り当てを受けるには、Firm Point-to-Point ARR の要求を次期計画期間全体にわたる Firm Point-to-Point 送電契約に関連付ける必要がある。

解説 相対契約に対応した Firm Point-to-Point 送電契約の場合には、送電契約で電力投入地点・電力引出地点・期間等が決まっているので、これと整合の取れた ARR の要求を出す必要がある。

規則とガイドライン

・全ての Point-to-Point ARR 要求は、PJM の承認を受ける前に同時実行可能性テストに合格する必要がある。

・PJM は、同時実行可能性テストの結果に基づいて、ARR 要求の全部、一部の承認、または拒否ができる。

・TSR で指定されているように、各 Point-to-Point ARR のパスはソースからシンクまで定義される。

・各 Firm Point-to-Point ARR の MW 値は、Firm Point-to-Point 送電契約の MW 値以下でなければならない。

・Firm Point-to-Point 送電サービス顧客は、OASIS の購入ページの［ARRs Requested］フィールドに、希望する ARR の量を入力する必要がある。この値は「上限量」と見なされる。したがって、送電顧客は、契約容量を超えない範囲で、希望する ARR の最大量を入力する必要がある。

・Firm Point-to-Point 送電サービスの顧客で ARR を必要としないものは、OASIS 購入ページの［ARRs Requested］フィールドに「0」を入力する必要がある。

・取引を承認済みステータスにする前に、PJM は OASIS の [ARRs Award] フィールドに認められた ARR の金額を入力する。

・Firm Point-to-Point ARR の期間は、関連する Firm Point-to-Point 送電契約と同じで、1 年（月の初めから）、1 カ月（月の最初の日から）、1 週（月曜日から日曜日）、または 1 日（1 から 24 時間）となる。

解説　Firm Point-to-Point 送電契約に係る ARR に関しても運用規則は基本的には、ネットワーク顧客と同じであるが、ARR の MW 値は、送電契約の MW 値以下であれば良いことになっている。Firm Point-to-Point 送電契約は、OASIS のシステム上で契約することができるが、この OASIS 上に要求する ARR の上限を記

入する欄が既に設けられている。また、承認された ARR につい
ては、その金額が OASIS 上で表示されるようになっている。当
然、Firm Point-to-Point ARR と Firm Point-to-Point 送電契約とは、
電力投入地点・電力引出地点・期間で整合が取れている必要があ
る。

4－1．Annual ARR Allocation Overview

ARR は、年次計画の期間に合わせて、ネットワークサービス顧客
及び Firm Point-to-Point 送電顧客に割り当てられる。市場参加者は、
年次 ARR 配分プロセス中に計画期間の ARR 要求を送信する。年間
ARR 配分は、柔軟性を高めながら長期的な確実性を提供するように
設計された 2 段階の配分プロセスとなっている。配分の最初の段階は、
段階 1 A と段階 1 B の二つの部分で構成されている。

> **解説** ここでは、年間 ARR が二段階の配分プロセスで配分され、
> 最初の段階はさらに段階 1A と段階 1B の二つの部分で構成され
> ることが述べられている。

・第 1 段階では、ネットワークサービス顧客は、過去の実績から主
として負荷に対応していた送電ゾーン内のアクティブな既存発電施設
または代替発電施設に基づいて ARR 要求を行う。また、段階 1 では、
適格送電顧客と見なされる Firm Transmission 顧客は、電力投入地
点と電力引出地点との間に提供されるメガワット単位の過去の確定
サービスに基づいて ARR の要求を行うことができる。

・第 2 段階は、市場参加者が年毎にヘッジパスを調整することを
可能にする 3 ラウンドの配分手順である。PJM は、優先度（実現可
能性）に基づいて、同時実行可能性テストに合格した ARR を、Firm
Transmission 顧客に割り当てる。

解説 第 1 段階では、ネットワークサービス顧客や Firm Transmission 送電顧客は、過去の確定した実績に基づき ARR の要求を行うことができる。第 2 段階では、3 ラウンドの手続きにより毎年、第 1 段階で要求した ARR をその年の状況に応じて調整できるようになっている。この場合、PJM は潮流計算による ARR の確認を行う。

この後、PJM のマニュアルでは、各段階の ARR の要求についてさらに詳細なルールが記述されているが、大部になるのでここでは省略する。

5−1. 市場の成長に関連した地域の新しい負荷に対する FTR 配分プロセス

・市場の成長の結果として追加される新しいゾーン負荷に対して、暫定的に FTR の割り当てが行われる。FTR のこの暫定的な配分は、市場の成長の結果として追加された新しいゾーンの導入時から次の年次 ARR 配分までの間の期間をカバーする。

・移行期間中、新しい PJM ゾーンでサービスを受けるネットワークサービス顧客及び Firm Transmission 顧客は、ARR の配分ではなく直接 FTR の配分を受けることができる。移行期間は、新しいゾーンが PJM 市場に繰り入れられた後に続く二つの年次 FTR オークションの間をカバーする。この FTR の直接割り当ては、各年次 FTR オークションの開始前に行われる。

解説 新たな住宅地の形成などにより新しい需要ゾーンが PJM のネットワークに追加された場合の FTR の扱いについてここでは解説している。

年度の途中で追加された新規需要ゾーンに関しては、暫定的に PJM から直接 FTR の配分が行われる。この FTR は、新規需要ゾーンの開設（電力供給開始）から次期 FTR オークションの間まで

の期間の暫定的なものとなる。このような移行期間の暫定措置は、新規需要ゾーンの開設時点に続く2回のFTR年次オークションの間適用され、この2回のオークションについては、年次オークションの開始前にPJMから直接FTRの配分を受けることを選択することができる。

(1) 新しいPJMゾーンのFTRの直接割り当てを受けないことを選択したネットワークサービス顧客とFirm Transmission顧客は、ARRの割り当てを受けることができる。新しいPJMゾーンのネットワークサービス顧客とFirm Transmission顧客は、FTRアロケーションまたはARRアロケーションのどちらを受け取るかを選択しなければならない。

> **解説** 移行期間にPJMからのFTRの直接配分を選択しなかった場合には、ARRの割り当てを受けることができる。

(2) これらの移行期間中に行われた新しいゾーンでのFTR関連要求は全て、「年間ARR割り当て」の項（セクション4）で説明されている年間ARR割り当てプロセスで説明されているものと同じ割り当て手順に従う。PJM市場への新規ゾーンの統合の一環として、PJMは、過去及び契約上の送電パターンに基づいて、ステージ1の割り当てプロセスに適格な発電所のセットを特定する。

> **解説** 移行期間中のARRの割り当てのプロセスは一般のARRの割り当てのプロセスと同様であるが、新規地域には過去の実績がないので、PJMが潮流計算等に基づいてARRプロセスに必要な発電所等の想定を行うことになる。

(3) これらのFTR要求は、年次ARR要求について上述したもの

と同じ要件を満たす必要がある。PJM 全体の同時実行可能性を確保するために、新しいゾーンの年次 FTR 配分プロセスは、他のゾーンの年間 ARR 割り当てプロセスと同時に行われる。

> **解説** 新規ゾーンに対する ARR の妥当性の検討は、潮流計算上齟齬を来さないように、他の既存地域と同時に潮流計算されることになるのは、フローベースの運用としては当然のことであろう。

6−1. FTR Auctions OverView

(1) Long-term FTR Auction

・直前の年次 ARR の配分プロセスで配分された全ての ARR が FTR に self-scheduled されていると仮定し、長期 FTR オークションではこれらは既定の電力投入と電力引出として先に組み込んだ上で、後の残余のキャパシティが長期 FTR オークションで売却される。

・長期 FTR オークションは 3 ラウンドからなるマルチラウンドオークションである。各ラウンドでは、実現可能な FTR の 3 分の 1 が取り扱われる。1 ラウンド目で購入された FTR は、後のラウンドで売りに出すことができる。さらに、将来の送電網のアップグレードによって生み出される追加能力により利用可能になる年次 ARR は、長期 FTR オークションにおける電力投入・電力引出として組み込まれるものとする。

・長期の FTR オークションには、オークションの対象となる 3 年間のうち、最初の計画期間の 6 月 30 日までにサービスが開始される予定の全ての送電網のアップグレードが含まれる。この目的のために組み込まれるべき送電アップグレードは、送電混雑に対して 10％以上の影響を与えるか、500 万ドル以上に相当する混雑のある制約に対するアップグレードのみとする。

解説 ここでは、FTRオークションの全体像について、やや詳しく解説されている。長期FTRのオークションは、年次FTRオークションの残余分がオークションに供されるということは、既に説明されているが、ARRとの関係がここでは、述べられている。先に説明されているようにARRは、「自己スケジュール化」の手続きにより、自動的に年次FTRに転換することができるが、長期FTRのオークションに当たっては、配分された全てのARRが「自己スケジュール化」されFTRとして先取りされているものと仮定して残りのFTRを長期FTRのオークションに供するとされている。

　長期FTRのオークション自体は、3回に分けて行われ、最初のオークションラウンドで購入されたFTRは、後のオークションラウンドで販売することができる。送電網の将来の増強に伴い発生するFTRについては、長期FTRオークションが対象とする3年間の内、最初の年の6月30日までに供用開始され、かつ、送電混雑へ10％以上影響を与えるか500万ドル以上の混雑料に相当するものについては、長期FTRオークションに組み込まれることとされている。

(2) 年次FTRオークション
・年次FTRオークションでは、年間ベースでPJMシステムで利用可能な全ての送電権を取り扱う。
・年次FTRオークションは4ラウンドからなるマルチラウンドオークションである。4ラウンドのそれぞれにおいて、PJMシステム全体の実現可能なFTR能力の25％が授与される。あるラウンドで購入されたFTRは、その後のラウンドで売り出すことができる。

解説 年次FTRオークションでは、提供可能なキャパシティを4分の1ずつ4回に分けてオークションに供される。長期FTR

オークションの場合と同様に、先行するラウンドで購入された
FTR は、後続するラウンドのオークションで販売することがで
きる。

（3）月次 FTR オークション
・月次 FTR オークションは、長期及び年次 FTR オークションが
行われた後に PJM 送電システムに残っている残りの FTR 機能をオー
クションするものである。月次の FTR オークションはシングルラウ
ンドオークションで、残余 FTR が取引される。月次 FTR オークショ
ンでは、マーケット参加者が現在保有している FTR を売りに出すこ
ともできる。

> **解説**　月次の FTR オークションは、毎月 1 回開かれ、長期及び
> 年次 FTR オークションの後に残っている残余 FTR が取引され、
> また、FTR の二次市場としても機能している。

・ARR には、FTR オークションからの収益が割り当てられてい
る。年次 FTR オークションからの収入は ARR 保有者に分配される。
長期及び月次のオークション収益は、ARR の保有者の間で年間 FTR
の不足分に比例して配分される。この配分後に残っている月次のオー
クション収益は、超過混雑料として扱われ、「市場での決済」のセクショ
ンで説明されているように分配される。

> **解説**　ARR の保有者には、年次 FTR オークションの収益が保
> 有する ARR の割合に応じて配分されるわけであるが、長期・月
> 次のオークションの収益も、ARR の保有者の間で、年間 FTR の
> 不足分を補う形で配分される。さらに残っている収益は、別途、
> 定められた詳細なルールにより配分されるが、ここでは省略する。

（4）FTR の有効期間その他

・長期 FTR オークションで取得した FTR の期間は 1 年。

・年次 FTR オークションで取得した FTR の期間は 1 年。

・毎月の FTR オークションで取得した FTR は、計画期間内に残っている次の 3 カ月のうちの 1 カ月間、または計画期間内に残っている四半期である。

・年次 FTR オークションでは、ARR 保有者は、「成り行き」の買いビッドとして、FTR（ARR MW 予約額まで）を年次 FTR オークションに自己スケジュールすることができる。自己スケジュール型 FTR は、ARR とまったく同じ電力投入地点・電力引出地点を持つ必要がある。この機能はラウンド 1 でのみ使用でき、24 時間の FTR に使用する必要がある。

解説 FTR は、1 年単位で購入するのが基本であるようである。月次のオークションで購入した FTR に関しては、購入した FTR の残存有効期間はより詳細に定められている。ARR の保有者が「自己スケジュール化」により、FTR を購入する時は、所謂「成り行き買い」の Bid がオークションで自動的に立てられることになる。このようにして購入される FTR は、当然、ARR と整合の取れたものである必要がある。

7−1．FTR 決済−送電混雑クレジット目標配分の計算

FTR 保有者は、FTR で定められた区間・送電量に応じて混雑の時間毎に積算されたクレジットの総量を受け取ることになる。PJM は、次の式を使用して、FTR 毎に 1 時間毎の Transmission Congestion Credit の割り当てを決定する。

$$Target\ Allocation = FTR^*(DALMP_{Delivery} - DALMP_{Receipt})$$

where:

FTR	Financial Transmission Rights between the designated load bus and the designated generation bus, in megawatts
DA LMP$_{Delivery}$	The Day-ahead Congestion LMP during the hour at the Point of Delivery designated in the FTR
DA LMP$_{Receipt}$	The Day-ahead Congestion LMP during the hour at the Point of Receipt designated in the FTR

解説 FTR は、指定された電力の電力投入地点と電力引出地点の間で、MW 単位で規定され、（混雑時の払い出し地点のノード価格）ー（混雑時の注入地点のノード価格）に FTR として購入された MW 数を乗じたものが FTR に対応したクレジットということになる。

DA LMP 電力引出点または DA LMP 電力投入点がゾーンである場合は、次の式が使用される。

$$Target = FTR^* \Sigma Load\ Percentage_i\ ^*(DALMP_{Delivery-i} - DALMP_{Receipt})$$

FTR	Financial Transmission Rights between the designated Load Aggregation Zone and the designated bus, in megawatts
Load Percentage	The percentage of the load at time of annual peak associated with each individual load bus in the Load Aggregation Zone designated in the FTR

解説 ネットワーク顧客が FTR を購入する場合には、電力投入地点、電力引出地点がゾーンとなるので、ゾーン価格対応の計算をする必要がある。電力引出地点はアグリゲートされているので、一点が指定できるが、電力の投入地点は、一定のゾーン内の複数の投入地点の混雑時のノード価格を寄与度に応じて加重平均したものが用いられている。

8－1．PJM FTR Center Overview

PJM FTR Center は、市場参加者が PJM の FTR オークション及び市場に参加することを可能にするインターネットアプリケーションである。

図3－37 に FTR オークションサブシステムの概念図を示す。

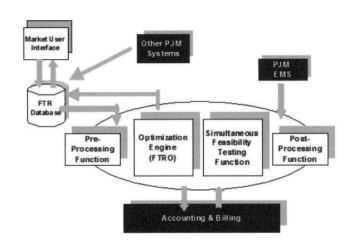

Exhibit 2: FTR Auction Subsystems
図3－37　FTRオークションサブシステム

解説　FFTR の取引は、PJM FTR　Center を通してインターネットにより行われるが、そのシステムの概念図が示されている。PJM の送電管理システムと連携して、潮流管理上の齟齬が生じないようにチェックし、FTR 市場の管理システムと決算システムを繋いでいることが示されている。

FTR の計算を行うためには、前年度の実績や当該年度の需給の予測に基づき、混雑を予想し、送電制約を考慮して Re-dispatch を想定し、その結果に基づくノード価格の算定を時刻毎に行う必要がある。

また、このようにして行った計算が様々な送電制約に違反しないようにチェックする必要がある。一方で、PJM は、機会均等化のためにオークションのプロセスも設けている。FTR の管理システムの詳細は、本マニュアルでは不明であるが、落札された FTR のクレジットの決済により還元される混雑料の計算を行うのが最適化モジュールであろう。一方で最適化モジュールの計算を送電制約違反の有無の観点から詳細にチェックし必要に応じて、最適化モジュールに再計算の指示を出すのが、同時フィージビリティテストモジュールと考えてよさそうである。どちらも送電グリッド全体で、潮流計算を行う必要があるが、どちらのモジュールも直流近似による近似計算をしている。

おわりに

　我が国は、ハードウェアには強いが、ソフトウェアには弱いという傾向がみられる。電力の送電システムについても同様で、恐らく送電線や変電所等に係る設備に関する技術は、世界の先端を行っているのであろう。一方で、我が国がハードウェアの優位の上に安住している内に、欧米ではハードウェア自体は普通のものであってもソフトウェアを工夫することでシステム全体を高性能化するという工夫が積み重ねられてきた。米国においては、20〜30年前からこのようなソフト技術的な工夫の積み重ねの基に、送電オペレーションの抜本的改革が行われてきた。さらに、このシステム技術の改革を制度面で支えるために、送電管理の分離等の組織改革も併せて20年前に行われたわけである。これが、米国の電力システム改革である。一方、欧州にもこの改革の潮流は伝播し、欧州の電力システムも米国より10年ほど遅れて大きく改革され、基本的な送電オペレーションは、米国と同様なものとなり、やはり、同様に制度改革も行われた。欧米においては、改革後も送オペレーションに継続的に改善を加え続けて今日に至っている。

　一方で、我が国においては、欧米の動きを見て制度面の改革は、行われつつあるが、送電オペレーションシステム自体は、依然として20年前と同様なままである。それどころか我が国には、欧米が現在どのようオペレーションをしているのかという正確な情報すらほとんど紹介されていない。この20年、我が国が停滞している間に送電オペレーションのソフト技術は、欧米では、どんどん進化し、最新のコンピューター技術の水準にバランスしたものに変貌していたわけである。筆者の見るところ、官・学・民の電力関係者やマスコミの大半は、欧米の制度面の改革だけを見て、欧米の送電管理の具体的な技術手法をほとんど知らずに、我が国の電力システム改革の議論をしているのではないかと思われる。

　本書は、そのような状況を改善し、少なくとも現在のソフトウェア

技術の水準に見合ったレベルの送電管理に我が国も改善される契機となることを期待して米国の送電管理の骨格を解説したものである。是非、官・学・民の電力関係者に本書を一読頂き、今後の参考としていただければ幸いである。

　また、本書は送電管理に関するものであるが、このようなソフト面の遅れは、我が国では送電に限らずいろいろな分野で進んでいるように思われる。例えば、今このようなやり方の先端にいるのは米国のテスラモーターの電気自動車かもしれない。これからは、我が国の自動車分野のハード技術優位が総合システムとして脅かされるかもしれない。送電管理のように20年遅れにならないようにして頂きたいものである。

　今回、初めて米国の送電管理を日本語で解説することを試みたために、本書には未だ不十分なところが多々残っている。基本的な資料として取り上げた米国のISO、RTOのマニュアルは、専門的かつ大部のもので、使われている用語も我が国では未だなじみの薄いものが多い。また、多数の方々のご協力により、執筆作業が進められたこともあり用語の統一が徹底していないところや専門用語を和訳せずに英文のまま用いているところもある。解説書というにしては必ずしも分かりやすくなっていない点も多々ある。さらに、米国送電システムのコアとなる部分の解説にとどめ、必ずしも全体像を解説しているわけではない。以上のような諸々のことについては、深くご容赦を願いたいと思う。次の機会があれば、改善が必要であろう。

　さいごに、執筆にあたられた方々や編集作業を行われた化学工業日報社の方々に深く謝意を表し、また、資料の利用を許諾されたNYISOに感謝し結語と致したい。

2020年9月

京都大学 特任教授

内藤 克彦

執筆者略歴

内藤 克彦（ないとう かつひこ）　　［全体編集；第1章、第2章、第3章冒頭、同第4節］

京都大学大学院経済学研究科 特任教授

1982年東京大学大学院修士課程修了、同年環境庁入庁。環境省温暖化対策課調整官、同省環境影響審査室長、同省自動車環境対策課長、港区（東京都）副区長等を経て現職。著書に「環境アセスメント入門」、「いま起きている地球温暖化」、「展望次世代自動車」、「PRTRとは何か」、「土壌汚染対策法」のすべて、「欧米の電力システム改革」、「2050年戦略　モノづくり産業への提案」（以上、化学工業日報社）、「入門　再生可能エネルギーと電力システム（日本評論社）」など多数。

小川 祐貴（おがわ ゆうき）　　［第3章第1節1〜4項］

株式会社イー・コンザル 研究員

2016年より現職。2018年京都大学大学院地球環境学舎博士後期課程修了。

『入門 地域付加価値分析』（諸富徹 編著）『入門 再生可能エネルギーと電力システム』（諸富徹 編著）等において一部執筆を担当。業務を通じて持続可能な地域づくりを支援。

柴田 悠生（しばた ゆうき）　　［第3章第1節5〜7項］

ABB Power Grids Japan株式会社　グリッドオートメーション事業部　マーケットマネージャー

2017年より現職。NYISOをはじめとする米国ISO・欧州TSOで実績のある電力市場運用システムをはじめ、電力会社向け需給計画・市場取引・設備管理ソフトウェア、監視・保護制御システム、蓄電システム等の事業開発に従事。

山内 恒樹（やまうち ひさき）　　［第3章第2節1〜2項］

三菱重工業株式会社　総合研究所　サービス技術部　企画推進グループ　主席部員

1997年京都大学大学院修士課程修了、同年三菱重工業㈱入社。2004年シェフィールド大学Ph.D.、2017年一橋大学大学院MBA。電力市場・系統シミュレーションを用いた発電製品のマーケティング業務に携わる。

濵﨑　博 (はまさき ひろし)　　　［第3章第2節3〜8項］

デロイト トーマツ コンサルティング合同会社　シニアスペシャリストリード
シンクタンク勤務を経て、現職。エネルギー技術モデル及び一般均衡モデルを用いて、エネルギー政策評価、エネルギー戦略・研究開発策定に従事。インペリアルカレッジ修士（エネルギー政策）、ケンブリッジ大学修士（技術経営学）、カーディフ大学PhD（エネルギー経済学）

千貫 智幸 (ちぬき ともゆき)　　　［第3章第3節］

三菱電機株式会社
2012年東京大学大学院工学系研究科修士課程修了、同年三菱電機㈱入社。電力制度改革対応のシステム開発、欧米諸国の電力事業調査などの業務に従事。

杉山 瑛美 (すぎやま えみ)　　　［第3章第3節］

三菱電機株式会社
2016年早稲田大学先進理工学部卒、同年三菱電機㈱入社。電力会社向け需給管理システムの設計開発、次世代電力システムの調査研究などの業務に従事。

イノベーションのカギを握る 米国型送電システム

米国送電システム研究会　編著

2020年9月8日　初版1刷発行

発行者　織　田　島　　修

発行所　化学工業日報社

〒103-8485　東京都中央区日本橋浜町3-16-8

電話　　03(3663)7935(編集)

　　　　03(3663)7932(販売)

振替　　00190-2-93916

支社　大阪　**支局**　名古屋、シンガポール、上海、バンコク

HPアドレス　https://www.chemicaldaily.co.jp/

印刷・製本：平河工業社

DTP・カバーデザイン：創基

ISBN978-4-87326-724-1　C3054